LIVRES

Pour l'instruction et l'amusement de la Jeunesse, qui se trouvent chez le même Libraire.

ABÉCÉDAIRE moral, ou Leçons tirées de l'Ecriture sainte, orné de 31 jolies gravures représentant les principaux traits de l'ancien et du nouveau Testament. Prix, 1 fr.

Abécédaire utile, ou Petit Tableau des Arts et Métiers, orné de 26 fig. 75 c.

Abécédaire instructif et amusant, contenant des Fables, des fragmens d'Histoire naturelle, etc. etc, orné de 26 fig. 75 c.

Abécédaire Mythologique, ou petits Sujets tirés de l'Histoire des Dieux. 75 c.

Aventures de Robinson, 4 vol. in-18, 12 fig. 4 f.

Aventures de Télémaque, 4 vol. in-18, 24 fig. 5 f.

— Les mêmes, 4 vol. in-18, fig. 3 f.

Buffon (le) de la Jeunesse, ou Abrégé de l'Histoire des trois règnes de la Nature, rédigé par Pierre Blanchard, troisième édition, corrigée et augmentée, 5 vol in-12, 15 fr.

Bibliothèque (petite) des Enfans, par P. Blanchard, nouvelle et jolie édition, 2 vol. in-18, 1 f. 50 c.

Cours d'étude pour l'instruction des jeunes gens, par Condillac, 9 vol. in-18, ornés de 9 planches. 9 f.

Contes des Fées, par Perrault, ornés de 12 fig. 1 vol. in-18, 1 f. 20 c.

Le même ouvrage, avec une fig. seulement. 1 fr.

Discours sur l'histoire universelle de Bossuet, 2 vol. in-12, nouvelle édit., prix, 5 fr.

Encyclopédie de la Jeunesse, ou Abrégé de toutes les Sciences; 1 vol. in-12, orné de 30 figures et 2 cartes, seconde édition, augmentée des premières règles de l'orthographe et d'un traité d'arithmétique décimale. 3 f.

Esope en trois langues, grecque, latine et française, 1 vol. in-12, prix, 2 fr. 50 c.

Fables de La Fontaine, avec un nouveau commentaire, par Coste; seconde et belle édition, dédiée à la Jeunesse, ornée de figures dessinées et gravées d'un genre neuf, 2 vol. in-12. 8 f.

Fables d'Esope, 2 v. in-12, pour faire suite à celles de La Fontaine, fig. en taille-douce, dessinées et gravées par les mêmes artistes. 6 f.

Trésors (les) de l'Histoire et de la Morale, extraits des meilleurs auteurs grecs, latins et français, pour l'éducation de la jeunesse, avec des réflexions, 1 vol in-12; prix: 2 f.

Magasin des Enfans, nouv. édit. imprimée par Crapelet, 4 vol. in-18. 4 f.

Idylles et Romances de Berquin, ornées de 24 fig. en taille-douce. 1 fr. 50 c.

Mort (la) d'Abel, 1 vol. in-18. 75 c.

Mort d'Abel, nouv. et belle édit. 1 v. in-12, fig. 2 f.

Nouveau (le) Robinson, pour servir à l'amusement et à l'instruction des enfans des deux sexes; ouvrage trad. de l'allemand, de Campe, 2 vol. in-12 de 400 pages chacun, ornés de 30 gravures. 5 f.

Œuvres complètes de Berquin, 10 v. in-12, ornés de 193 fig. en taille-douce. 25 f.

Ouvrages du Citoyen Ducray-Duminil, 56 vol. in-18; prix: 57 fr.

On vend séparément chaque ouvrage.

Alexis, ou la Maisonnette dans les bois, 4 vol in-18, figures. 3 fr.

Coelina, ou l'Enfant du Mystère, 6 vol. in-18, ornés de jolies figures, 6 fr.

Contes (les) de famille, 6 vol. in-18, fig. 6 fr.

Codicile sentimental, 2 vol. in-18, fig. 1 f. 50 c.

Les Cinquante Francs de Jeannette, 2 v. in-18, fig. 2 f.

Les Petits Orphelins du Hameau, 4 v. in-18, fig. 3 fr.

Lolotte et Fanfan, 4 vol. in 18, fig.

Les Soirées de la Chaumière, ou les Leçons du vieux Père, 8 vol. in-18, jolie édition. 8 fr.

Les Journées au village, ou Tableau d'une bonne famille, 8 vol. in-18, ornés de 72 fig. 12 fr.

Le petit Jacques et Georgette, 4 vol. in-18, fig. 4 fr.

— Le même, 4 vol. in-18, fig. 3 fr.

Victor, ou l'Enfant de la Forêt, 4 v. in-12 fig. 6 fr.

— Le même, 4 vol. in-18, fig. 4 fr.

Paul, ou la Ferme abandonnée, 4 v. in-18, fig. 4 fr.

PLUTARQUE
écrivant les Vies des Hommes illustres.

LE PLUTARQUE
DE LA JEUNESSE,
OU
ABRÉGÉ DES VIES
DES PLUS GRANDS HOMMES
DE TOUTES LES NATIONS,

DEPUIS LES TEMPS LES PLUS RECULÉS JUSQU'A NOS JOURS;

Au nombre de 212, ornées de leurs portraits;

OUVRAGE ÉLÉMENTAIRE,
propre à élever l'ame des jeunes gens, et à leur inspirer des vertus.

RÉDIGÉ PAR PIERRE BLANCHARD.

SECONDE ÉDITION, REVUE ET CORRIGÉE.

TOME PREMIER.

A PARIS,
Chez LE PRIEUR, Libraire, rue St-Jacques, N°. 278.

AN XII. — 1804.

PRÉFACE.

L'ACCUEIL que le Public a fait aux premiers ouvrages que nous avons donnés pour l'instruction des jeunes gens, (1) a redoublé

---

(1) Ces ouvrages sont : le *Buffon de la Jeunesse*, ou *Abrégé de l'Histoire des trois Règnes de la Nature*, 5 vol. *in*-12, ornés de 57 planches, 2eme. édition ; la *Mythologie de la Jeunesse*, 2 vol. *in*-12 avec 131 fig. 3eme. édit. ; la *petite Bibliothèque des Enfans*, 2 vol. *in*-18, 2eme. édit. et le *Trésor des Enfans*, ou *Principes de morale et de civilité*, 1 vol *in*-12, orné de 15 sujets gravés, 2eme. édit. Si notre travail est encore payé de quelque succès, nous continuerons de mettre les diverses connaissances les plus utiles à la portée de nos jeunes lecteurs. Nous sommes occupés en ce moment à puiser dans les Voyageurs les plus estimés, tout ce qui caractérise les mœurs des peuples, et qui donne une idée des différens climats de la terre. Cet ouvrage, qui manque parmi les livres de pre-

notre zèle ; et nous offrons aujourd'hui ce nouveau tribut de nos veilles, avec l'espoir qu'il ne sera pas inutile.

Nous n'essayerons pas de démontrer combien est profitable la lecture des Vies des Grands Hommes. Outre qu'elle offre un intérêt qui lui est particulier, elle donne une quantité de connaissances historiques et morales; et, ce qui est le plus avantageux, elle laisse dans le cœur des jeunes gens le desir d'imiter quelques-uns des modèles qu'on leur a présentés. Ce desir est comme

---

mière instruction, aura 6 ou 7 vol. *in*-12, et sera d'une lecture aussi agréable qu'instructive. Il portera pour titre le *Voyageur de la Jeunesse*, et fera suite à ceux que nous avons déjà donnés.

un germe précieux, qui, s'il est tombé dans un terrain bien préparé, se développe avec le temps, et rapporte des fruits qui font la gloire de l'arbre et de celui qui l'a cultivé. Le jeune homme qui n'éprouverait aucun mouvement d'émulation au tableau des actions qui ont illustré un de ses semblables, serait bien mal partagé de la nature, ou aurait déjà détruit ses dons les plus heureux. C'est au contraire dans cet âge, celui de l'espérance et des illusions, qu'on se forme les plus beaux plans de vie, et que l'exemple d'un homme illustre, dans un genre quelconque, fait l'impression la plus vive. Il importe donc au père de famille attentif, ou à l'instituteur éclairé, de saisir ce moment favorable pour diriger le jeune élève vers le but le plus noble. Présentez-lui alors les modèles parmi lesquels il peut choisir ; il s'arrêtera de lui-même à celui qu'il lui convient d'imiter, et l'étude qu'il en fera, réveillera sans cesse en lui le desir d'égaler celui qu'il admire. Ainsi, la mémoire d'un homme qui, par ses vertus ou son génie, s'est élevé au-dessus de ses semblables, est encore un bienfait pour la société.

Le titre de *Plutarque de la Jeunesse* annonce assez que c'est dans le célèbre Biographe des héros de l'antiquité que nous avons puisé nos principaux extraits ; outre les faits, nous nous sommes appropriées, chaque fois que nous l'avons pu, les excellentes et naïves leçons qui, chez lui, se rencontrent presque à chaque page. Mais il ne parle que des guerriers et des hommes d'État : nous n'avons pas cru devoir l'imiter en cela. Nous devons aussi nos hommages à ceux qui n'ont d'autres titres que ceux du génie réduit à lui-même. Aujourd'hui *Homère* nous intéresse autant qu'*Alexandre*, si ce n'est pas davantage; occupons-nous donc de l'un et de l'autre. D'ailleurs, tous les hommes ne doivent pas conduire des armées et gouverner des États, et tous peuvent espérer de se distinguer dans les arts, dans les lettres ou par des vertus. Présentons donc cette espérance générale ; autrement nous n'atteindrions pas le but que nous nous sommes proposé. La justice, au surplus, nous l'ordonne. Corneille créant son art, et Raphaël montrant les bornes du sien, sont des hommes aussi rares que Turenne et Sully : on ne voit guère plus des uns que des autres. Quoique de différente nature, leurs services sont également utiles à la société ; ainsi notre reconnaissance doit être la même. Voilà pourquoi nous avons placé sur le même rang tous les hommes qui ont remporté les premiers prix dans la carrière que chacun d'eux a parcourue. Ce peu de mots explique le plan et l'intention de cet ouvrage. Nous nous contenterons d'ajouter que nous avons suivi l'ordre chronologique, comme le plus naturel et celui qui, en marquant les différentes époques de la gloire des nations, apporte avec lui un autre genre d'instruction, qu'il est également utile de cultiver.

Paris, ce premier floréal an XI.

AVIS.

L'accueil que le Public a daigné faire au PLUTARQUE DE LA JEUNESSE, dont la première édition s'est écoulée en quatre mois, nous donne lieu de croire que nous avons approché du but d'utilité que nous nous étions proposé, et nous engage à compléter cet ouvrage en joignant deux nouveaux volumes aux quatre premiers : ils seront intitulés, *Vies des Hommes les plus célèbres*, et contiendront des notices biographiques sur les personnages qui, sans avoir les qualités éminentes qui caractérisent les *grands hommes*, tiennent cependant des places très-distinguées dans l'histoire du monde.

SOUS PRESSE,

pour paraître vers la fin de prairial de cette année.

LE VOYAGEUR DE LA JEUNESSE *dans les quatre parties du monde, avec des gravures représentant les divers costumes, et des curiosités de la nature et des arts. Six vol. in-12*; par PIERRE BLANCHARD.

Le titre de cet Ouvrage annonce assez quel est son but, et le genre d'utilité qu'il peut apporter. C'est un abrégé des voyageurs les plus estimés et les plus récens, et qui peut, en quelque sorte, tenir lieu des volumineuses collections que l'on a faites en ce genre : il manquait parmi les livres d'éducation.

LE PLUTARQUE
DE LA JEUNESSE,
ou
VIES DES PLUS GRANDS HOMMES
DE TOUTES LES NATIONS.

HOMÈRE,
LE PLUS CÉLÈBRE DES POËTES.

Vers l'an 900 avant notre ère.

IL est dans l'Histoire une époque au-delà de laquelle il ne faut rien chercher de vrai; ce ne sont plus, à partir de ce point, que mensonges ou nuages obscurs; et quand il s'agit de donner une instruction plus avantageuse à la morale qu'à la curiosité, il est assez inutile de s'enfoncer dans ces brouillards où l'on ne peut que s'égarer. Ainsi, nous ne dirons rien d'une quantité de personnages dont les noms seuls, parvenus avec gloire jusqu'à nous, annoncent qu'ils tinrent, par leurs vertus et leur génie, un rang distingué au milieu des hommes, sans que l'Histoire nous ait transmis les titres auxquels ils jouirent de cet avantage. Nous commencerons donc notre galerie historique par Homère, le plus célèbre, et sans doute le plus grand des poètes : ce n'est pas que sa personne et ses actions nous soient guère plus connues que celles des héros qu'il a chantés; mais il nous reste deux monumens immortels de son génie ; et quand tout ce qu'on nous a transmis à son sujet ne serait que mensonge, nous n'en saurions pas moins qu'il fut un grand homme, et c'est lui qui nous le prouve. Les historiens et les flatteurs ont pu amplifier la gloire des guerriers et des rois; nous sommes obligés de les en croire sur parole ; mais tant que l'*Iliade* et l'*Odyssée* existeront, on ne pourra ôter ni ajouter à la gloire réelle d'Homère : son génie vit, c'est assez.

On présume que ce grand poète vécut neuf cents ans avant l'ère vulgaire, et deux à trois cents ans après la guerre de Troie. Sept villes se disputèrent particulièrement l'honneur de lui avoir donné naissance. Ces villes furent Smyrne, Rhodes, Colophon, Salamine, Chio, Argos et Athènes. L'opinion la mieux fondée est qu'il était de Smyrne ou de Chio. Jamais climat ne parut plus propre à faire de grands poètes que celui des bords de l'Asie et des îles voisines ; aussi en produisit-il un assez grand nombre des plus renommés. Hésiode était de Cumes, Mimnerine de Colophon, Tyrtée de Milet, Anacréon de Téos, Simonide de Cée, Arion et Terpandre de Lesbos ; enfin Sapho, Alcée, Bion, Aratus et mille autres étaient nés sous cet heureux climat qui vit naître Homère.

Nous avons dit qu'on ne sait presque rien de ce grand homme, et encore ce qu'on en débite paraît-il incertain ; les savans ont fait nombre de recherches sur ce qu'il fut, sur ce qui lui arriva, et le résultat a laissé plus d'incertitude encore.

On prétend que *Crithéis*, sa mère,

étant restée veuve lorsqu'il était encore enfant, épousa Phémius, ou Pronapide, qui enseignait l'art des vers et la musique à Smyrne. Ce Phémius, charmé des heureuses dispositions du jeune Homère (que l'on nommait alors Mélésigène, parce qu'il était né près du fleuve Mélès), Phémius l'adopta pour son fils, et ne négligea rien pour donner à son esprit toute la culture qu'il méritait : il le rendit capable de lui succéder dans son école. Après la mort de Crithéis et de Phémius, Homère continua donc l'état de son beau-père, jusqu'à ce qu'un maître de vaisseau, nommé Mentès, qui était allé à Smyrne pour son trafic, lui offrit de l'emmener et de lui faire voir une partie de l'Asie mineure, toute la Grèce, la Méditerranée, l'Égypte et plusieurs autres pays.

Homère, qui brûlait du desir de s'instruire, et qui méditait déjà son Iliade, accepta avec joie, et abandonna pour toujours son école. Il avait besoin de connaître les pays de ses héros, d'en étudier les mœurs et les lois; et c'était un excellent observateur.

« Le bonheur le plus grand d'Homère,

dit Rochefort, c'est qu'il naquit pauvre, et qu'il passa sa vie à voyager. La profession de poète lui rendait la pauvreté moins incommode et les voyages plus faciles. Les poètes reçus avec empressement, traités avec distinction chez les rois, dans les assemblées du peuple, étaient nécessaires aux festins et aux sacrifices : et ce noble emploi, dont la dignité servait à leur élever l'ame, exigeait d'eux qu'ils sussent instruire les ignorans, les sages, les grands et la multitude. Ils ne pouvaient remplir cette obligation sans une grande étendue de connaissances; ce n'était pas alors les livres, mais les hommes qui pouvaient les procurer. C'était dans les voyages qu'il pouvait apprendre les faits controuvés ou véritables que la renommée avait répandus en différens pays, et enrichir son esprit d'une multitude de maximes et d'oracles, écrits et appendus dans les temples, et rédigés en mètres réguliers par les poètes consacrés au service de la Divinité. »

« Qu'on se figure Homère conversant avec les prêtres de Delphes; ces prêtres à qui il était important de connaître parfaitement l'histoire de leur pays et les différens intérêts des villes et des princes : combien Homère, dans leur commerce, ne dut-il pas rassembler de lumières et de connaissances ! et sans un tel secours, où aurait-il puisé tout ce qu'il fait voir d'érudition dans l'histoire et la généalogie, non-seulement des Grecs, mais encore des autres peuples ? car on sait que les premiers prêtres de Delphes étaient venus de Crète, et que cette île, alors fameuse, était en correspondance avec toutes les parties du monde connu, particulièrement avec les Egyptiens, qui y avaient apporté leurs dieux, leur religion et leur philosophie. Mais sur ces grands objets Homère ne put s'empêcher de remonter à la source, et d'aller chercher dans l'Egypte même des connaissances si précieuses. Il est aisé de présumer qu'Homère passa par la Phénicie. On ne savait pas encore cingler en pleine mer, et l'on ne naviguait qu'en côtoyant. Tous ceux qui passaient d'Égypte en Grèce, s'arrêtaient en Phénicie. C'est de là que l'Égyptien Cadmus apporta les premiers caractères de l'écriture. Ce peuple, entièrement livré au commerce et à la navigation, put aisément fournir à Homère une partie des connaissances géographiques et des traditions locales qu'il a si bien employées dans ses poëmes. C'est sans doute d'après leurs relations qu'il amusait ses auditeurs par les contes des Cyclopes, des Sirènes, de l'Averne, des Champs-Elysées : les termes phéniciens dont ces mots sont composés, désignent encore leur origine. »

« Il n'est guère possible, continue Rochefort, de douter qu'Homère n'ait été en Égypte ; tout ce qui sert à prouver un fait, se réunit ici pour nous en convaincre. Orphée, Linus, Musée y avaient devancé ce poète, qui se fit un honneur de les imiter dans leurs voyages comme dans leurs poésies. La mythologie et les allégories qui brillent dans ses ouvrages, la connaissance qu'il paraît avoir du pays, tout nous persuade qu'il voyagea en Égypte ; mais il n'y pénétra pas fort avant, et il ne vit ni Thèbes ni Memphis, ni ces superbes pyramides qui subsistaient déjà, et qu'il n'aurait pas manqué de célébrer dans ses poëmes. D'ailleurs, malgré les éloges qu'il fait de la beauté, de la culture et de la fécondité des campagnes du Nil, on pourrait conjecturer par une épithète qu'il donne à l'Égypte, qu'il conservait une espèce de ressentiment contre ce pays. Il n'est pas étonnant qu'Homère, sortant d'un climat où régnait la liberté, fût un peu révolté de l'esprit d'austérité et de servitude qui régnait en Égypte, où chaque particulier ayant son métier et sa profession, l'oisiveté d'un poète était sans doute un peu déplacée : mais enfin il y séjourna assez pour s'instruire de ce qu'il voulait apprendre. »

Homère ayant fait une grande provision de connaissances, revenait d'Espagne et abordait à Ithaque, lorsqu'il fut attaqué d'une fluxion sur les yeux. Mentès, son ami et son conducteur, le laissa chez *Mentor*, un des principaux habitans d'Ithaque, et s'en retourna à Leucade, sa patrie. Il revint quelque temps après, et trouva Homère guéri. Ils se rembarquèrent, et après avoir visité les côtes du Péloponèse, ils s'arrêtèrent à Colophon. Homère se sentit encore incommodé des yeux ; et ce beau génie, qui avait su si bien observer la nature et les hommes, perdit la vue, et n'eut plus pour nourrir son ame que son imagination et ses souvenirs. La richesse et la vérité de ses tableaux nous apprennent combien les sensations étaient fortes chez lui, puisque ce qu'il ne pouvait plus voir se retraçait avec tant de vigueur sous son pinceau. Ce malheur lui fit donner le nom d'*aveugle*.

Son Iliade était déjà avancée; il retourna à Smyrne, et y acheva ce poëme immortel.

Sans doute il était peu fortuné, et il songea à jouir de son travail. Il avait droit à la reconnaissance des hommes, la bonté de son cœur lui faisait compter sur eux; il vint à Cumes, sa réputation déjà étendue l'y avait précédé; il fut reçu avec les témoignages les plus démonstratifs de la joie; il lut, ou plutôt chanta son poëme devant le peuple: l'admiration fut générale, les applaudissemens furent prodigués. Homère ne douta point qu'il ne fût au milieu des hommes les plus passionnés pour la poésie et les plus zélés partisans de son grand talent; il crut son sort enfin assuré, et demanda à être nourri aux dépens du trésor public. Les habitans de Cumes donnaient sans doute avec plaisir des louanges qui ne leur coûtaient rien, et refusaient volontiers ce qui pouvait exiger quelque sacrifice de leur part : les barbares, après avoir applaudi au génie d'Homère, n'eurent aucune pitié du malheur d'un homme dont l'asile les eût honorés à jamais : ils refusèrent de le nourrir.

Homère, indigné, quitta cette ville où l'avarice était la première passion, et s'écria : *Puisse Cumes ne jamais voir naître dans son sein de poètes pour la célébrer!*

Son sort fut ensuite incertain et peu heureux. Aveugle, sans fortune, peut-être sans amis, il errait de côté et d'autre, et l'on prétend qu'il ne trouvait sa subsistance qu'en chantant ses vers à ceux qui voulaient bien l'entendre et récompenser sa peine.

Ainsi le génie le plus beau, le plus grand, l'homme qui devait jouir de la réputation la plus étendue et la plus brillante que l'on ait jamais acquise, fut réduit à solliciter, en quelque sorte, la pitié de ses semblables pour ne pas périr de faim ! Celui qui eut des autels après sa mort, n'eut que la misère pour partage pendant sa vie ! Nous nous indignons à cette pensée ; mais combien de grands hommes, depuis cette époque, ont éprouvé un sort aussi horrible ! Cette Europe aujourd'hui si savante, si éclairée et si amie de tous les arts, pourrait encore voir un Homère, et le laisser languir dans le malheur.

En quittant Cumes, Homère fut de ville en ville, et s'arrêta à Chio, où il se maria et composa son Odyssée : il se vengea de l'ingratitude des hommes en leur donnant un nouveau chef-d'œuvre.

Ayant dans la suite ajouté à ses poëmes beaucoup de vers à la louange des villes grecques, sur-tout d'Athènes et d'Argos, il quitta Chio, sans doute dans l'espoir d'être cette fois-ci plus heureux auprès des hommes, pour qui la louange est encore plus que le génie : il alla à Samos où il passa l'hiver ; de Samos il arriva à Io, une des Sporades, dans le dessein de continuer sa route vers Athènes, mais il tomba malade et mourut. On prétend que ce fut environ 920 ans avant notre ère ; ainsi il y en aurait près de trois mille que vécut cet homme illustre.

Nous avons rapporté la commune opinion qui dit qu'Homère fut pauvre et obligé de chanter ses vers pour vivre ; plusieurs écrivains cependant prétendent que rien n'est plus faux : cela serait à desirer pour l'honneur de l'humanité ; mais malheureusement ils n'apportent rien pour appuyer cette opinion consolante. Le fait est que nous ne savons rien de positif sur ce grand homme ; quelques savans pensent même que l'Iliade et l'Odyssée ne sont pas du même auteur ; d'autres, moins raisonnables, vont jusqu'à dire que l'Iliade a été composée par morceaux séparés et par différens poètes, qui n'avaient intention que de chanter devant le peuple quelques actions d'Achille ou des autres capitaines grecs ; qu'ensuite on rassembla ces différens morceaux pour en former un poëme complet : comme si un chef-d'œuvre, un ouvrage bien ordonné pouvait être le fruit de plusieurs têtes, qui nécessairement pensent, sentent et s'expriment différemment ! Enfin, ceux qui veulent qu'Homère

mère ait été riche, prétendent que la noblesse de ses idées et de son expression ne permet pas de penser qu'il se soit trouvé au dernier rang de la société ; comme si la nature ne créait des têtes bien organisées et des cœurs élevés, que parmi les hommes favorisés de la fortune ! Corneille, La Fontaine, les deux Rousseau n'étaient pas riches, et cependant ils avaient des têtes qui en valaient bien d'autres. Mais, dira-t-on, ils étaient à même de voir ce qu'il y avait de mieux : Homère eut probablement le même avantage ; les poètes de son temps étaient très-bien accueillis par-tout, et les rois ne dédaignaient pas de les admettre à leur table. D'ailleurs, si Homère fut réduit au sort le plus à plaindre, ce fut sans doute après la perte de sa vue.

« La rapidité de son style, dit Pope, donne lieu de penser qu'il était prompt et d'une action vive ; et les graces, qui ne le quittèrent jamais, insinuent que le feu de son imagination était modéré par la douceur et la bonté de son naturel. Un fonds de religion se fait sentir, pour ainsi dire, à chaque page de ses écrits. Par-tout il semble persuadé que le culte des dieux est le premier et le plus important devoir de l'homme. Sa générosité paraît dans l'amour qu'il témoigne pour sa patrie. Plutarque observe que les barbares sont traités en supplians et en captifs en plusieurs endroits de l'Iliade, mais que l'on n'y voit jamais un Grec en cet état, si commun à toutes les nations dans le militaire. Ses sentimens sur l'hospitalité sont ceux d'un cœur humain, tendre et compatissant, à moins qu'on ne les attribue au besoin qu'il eut de ces vertus, comme font ordinairement les écrivains de sa vie. On dirait, au goût qu'il marque pour les histoires, comme à sa manière de les raconter, qu'il aimait à parler malgré sa sagesse. Il ne perd aucune occasion de vanter les banquets, l'excellent vin, les grandes coupes, en buveur qui aime la compagnie et la joie. C'était un ami, mais un ami délicat du beau sexe : son Andromaque, sa Pénélope, sont les plus touchans et les plus nobles caractères d'un amour légitime: Hélène même ne se montre jamais qu'avec les adoucissemens qui peuvent, en quelque sorte, les excuser. »

Cette manière de deviner le caractère d'un homme par les différens traits de ses ouvrages, peut être fautive jusqu'à un certain point, mais elle rencontre souvent juste ; et l'homme qui vous fait partager avec chaleur les sentimens qu'il exprime, ne peut pas en imposer au point de peindre si bien ce qu'il n'a jamais senti.

Homère, si peu connu par ses actions, et si célèbre par ses ouvrages, eut des temples après sa mort, et fut mis au nombre des dieux. Alexandre estimait ses poëmes à un tel point, qu'il les mettait ordinairement sous le chevet de son lit avec son épée. Il renferma l'Iliade dans la précieuse cassette de Darius, disant que l'ouvrage le plus parfait de l'esprit humain devait être renfermé dans la cassette la plus précieuse du monde. Il appelait Homère ses provisions de l'art militaire ; et voyant un jour le tombeau d'Achille dans le Sigée, il s'écria : *O fortuné héros ! tu eus un Homère pour chanter tes victoires !*

HÉSIODE,

POÈTE GREC,

Vers l'an 800 avant notre ère.

Il est difficile d'assigner au juste le temps où vécut Hésiode ; quelques écrivains le font contemporain d'Homère, d'autres le font vivre avant ce poète ; mais la plus commune opinion est qu'il florissait environ un siècle après l'auteur de l'Iliade.

On sait très-peu de particularités sur sa personne. Il naquit à Cumes dans l'Éolide, et fut élevé en Béotie, dans un hameau nommé Ascra. Il nous apprend que son père y vint dans l'espoir de rétablir sa fortune. On a fait des contes sur lui comme sur tant d'autres grands hommes : on a dit que ce fut en gardant les troupeaux qu'il devint poète. Ce que l'on sait de certain, c'est qu'il fut prêtre des Muses sur le mont Hélicon ; le reste est ignoré. On fait un autre conte de sa mort : on dit que des Locriens le tuèrent et le jetèrent dans la mer ; mais que son corps ayant été rapporté sur le rivage par des dauphins, les coupables furent découverts et punis de mort.

Les ouvrages qui nous restent de ce poète sont : un poëme didactique en deux chants, intitulé les *OEuvres et les Jours*; la *Théogonie*, ou généalogie des dieux, et un fragment que l'on nomme le *Bouclier d'Hercule*.

Le poëme des *OEuvres et des Jours* a pour but d'enseigner l'agriculture et la morale. Cet ouvrage était si estimé des Grecs, qu'ils le faisaient apprendre par cœur à leurs enfans ; on citait comme des oracles les excellentes sentences dont il est rempli.

La *Théogonie* est un ouvrage de religion ; elle fut composée pour apprendre la naissance des dieux et leur postérité ; il ne nous en reste que la première partie. « C'est, dit le savant Coupé, un ouvrage précieux sur la mythologie, que nul poète du monde n'a détaillée d'une manière aussi curieuse, sans parler de l'agrément du sujet et du charme des vers. »

Hésiode nous apprend dans son poëme *des OEuvres et des Jours*, qu'il alla disputer le prix de poésie qui fut proposé pour honorer les funérailles d'*Euphidamas*, roi d'Eubée; il l'emporta sur ses rivaux, et reçut la couronne poétique. On a prétendu que ce fut contre Homère qu'il disputa cette couronne; mais Hésiode qui se vante de cette victoire, n'eût pas manqué de nommer un aussi grand antagoniste; et tous les faits se réunissent au contraire pour prouver que ces deux poètes ne vécurent pas à la même époque.

LYCURGUE,

LÉGISLATEUR DE SPARTE,

Vers l'an 720 avant notre ère.

Si tout ce que l'on rapporte des lois que Lycurgue établit à Sparte est réel, et il n'est guère permis d'en douter, il faut convenir que c'est le législateur qui fit les choses les plus extraordinaires. Il ôta à ses concitoyens ce qui porte les autres hommes à tout entreprendre, et ne les rendit cependant que plus entreprenans et plus courageux ; il les rangea sous la discipline la plus dure que l'on puisse imaginer, et ne leur laissa d'autre récompense que l'orgueil de dire : Nul ne nous a contraints à quitter cette discipline. Le mal qu'il les condamna à souffrir, assura leur gloire et leur liberté, c'est-à-dire, la fierté qu'ils mettaient à le souffrir, et le pouvoir qu'ils avaient de le souffrir encore. Nulle part la liberté publique ne se montra plus austère et plus retenue, si l'on peut parler ainsi, que chez les Spartiates; pour se maintenir, elle enchaînait chaque citoyen et régnait en tyran sur tout le peuple. Au surplus, quelque bien ou quelque mal que l'on dise des institutions de Lycurgue, Sparte n'en sera pas moins un objet d'étonnement et une véritable merveille aux yeux de ceux qui pensent.

Lycurgue était fils d'Eunomus ou Prytanis, roi de Sparte, qui fut tué dans une émeute populaire. Polydecte, frère aîné de Lycurgue, monta sur le trône, mais mourut quelque temps après sans laisser d'enfans. Lycurgue lui succéda, et gouverna en roi jusqu'au moment où sa belle-sœur lui apprit que son époux l'avait laissée enceinte. Aussitôt cet homme juste déposa le diadême, et se déclara simple tuteur de l'enfant qui devait naître, si c'était un garçon. Sa belle-sœur lui offrit secrètement de faire périr son fruit pour lui laisser le trône, à la seule condition de devenir son épouse. Lycurgue eut horreur d'une pareille proposition, mais il feignit jusqu'au moment où l'enfant vint au monde : alors il le prit dans ses bras, le nomma Charilaüs ; et le présentant aux Spartiates, il leur dit : Voilà votre roi. Déclaré tuteur du jeune prince, il continua de gouverner avec sagesse et fermeté, jusqu'au moment où il put remettre l'autorité entre les mains de son neveu.

Malgré cette conduite si généreuse, il eut des ennemis qui, contre le témoignage même de ses actions, soutinrent qu'il n'aspirait qu'à la royauté. Plein de mépris pour de semblables artifices, il ne songea qu'à se rendre en état d'être plus utile encore à sa patrie : il profita de la liberté qui venait de lui être rendue, pour voyager chez les autres nations, sur-tout chez les Crétois, dont les lois avaient une sage sévérité qui plaisait à son caractère : il recueillit toutes celles qui pouvaient convenir au plan que peut-être il méditait déjà ; et voulant faire une comparaison qui le mît à même de connaître ce qui pouvait assurer le bonheur d'une nation, il passa chez les peuples voluptueux de l'Asie, et ne vit leur magnificence frivole et leur luxe destructeur, que pour se convaincre plus fortement quel est l'avantage d'une nation austère dans ses mœurs et endurcie aux travaux. Ce fut dans ces voyages qu'il recueillit les œuvres d'Homère, persuadé que les sages maximes dont elles sont pleines, et les louanges accordées aux guerriers, devaient faire une heureuse impression sur un peuple qui n'avait besoin que d'être arraché à ses vices, pour faire de la gloire des armes sa passion dominante. Lycurgue connaissait si bien le pouvoir de la poésie sur les hommes, qu'il mit tout en œuvre pour s'attacher Thalès, excellent poète lyrique du temps. Ce Thalès, dit Plutarque, qui ne passait que pour poète, faisait en effet tout ce que pouvaient les plus sages gouverneurs et les plus habiles réformateurs du monde : ses chants n'avaient pour but que l'obéissance aux lois, l'union des hommes, et ils avaient tant de douceur, qu'ils gagnaient même les cœurs les plus insensibles. Lycurgue l'employa adroitement pour disposer les Lacédémoniens aux réformes qu'il leur préparait.

Cependant, par une suite ordinaire de la faiblesse d'un gouvernement mal organisé, tout était tombé dans la confusion à Sparte ; les rois ne pouvaient plus commander, et le peuple refusait d'obéir ; tout le monde, et Charilaüs lui-même, desirait le retour de Lycurgue. Ce sage s'empressa d'accourir au secours de sa patrie. *Il ne fut pas plutôt arrivé*, dit Plutarque, *qu'il commença à vouloir remuer tout le gouvernement de la chose publique, estimant que faire seulement quelques lois particulières ne servirait de rien, non plus qu'à un corps tout gâté et plein de toutes sortes de maladies, rien ne profiterait d'ordonner quelque légère méde-*

cine, qui ne donnerait ordre de purger, résoudre et consumer premièrement toutes les mauvaises humeurs, pour pouvoir après lui donner une nouvelle forme et règle de vivre (1). Il commença par mettre les dieux de son côté ; il fit parler les oracles suivant ses desirs, afin d'en mieux imposer au peuple, à qui la sagesse seule suffit rarement. Il s'adjoignit ensuite trente hommes des premiers et des plus vertueux de la ville, les fit armer, vint avec eux sur la place, et proposa au peuple un nouveau gouvernement.

Le premier changement qu'il fit fut d'établir un sénat, composé de vingt-huit membres. Cette autorité, égale à celle des rois, *fut un contre-poids salutaire au corps universel de la chose publique, laquelle auparavant était toujours en branle, inclinant tantôt à tyrannie, quand les rois y avaient trop de puissance, et tantôt à confusion populaire, quand le commun peuple venait à y usurper*

―――――――――――――――

(1) Vie de Lycurgue, traduct. d'Amyot.

trop d'autorité. Le peuple eut le droit de s'assembler et de confirmer ou rejeter les lois que les rois et le sénat proposaient.

Le second changement que fit Lycurgue fut le plus grand et le plus difficile : ce fut la répartition des terres en portions égales entre toutes les familles. Auparavant quelques personnes seules possédaient tous les champs de la Laconie, tandis que les autres n'avaient rien. Cette entreprise était praticable seulement chez un petit peuple, et ne pouvait convenir qu'aux lois et à l'ordre que voulait établir le législateur ; il avait un plan bien suivi, et chacune de ses institutions allait au but qu'il se proposait. Il tenta aussi de faire mettre en commun les meubles, afin que sa ville ressemblât parfaitement à une seule et même famille bien unie, où l'un n'aurait pas plus que l'autre ; mais cette tentative ne lui réussit point. Il n'abandonna cependant pas son dessein ; il y revint par une voie détournée et couverte ; il proscrivit la monnaie d'or et d'argent, et la remplaça par une monnaie de fer si lourde et de si peu de valeur, que pour serrer une somme égale à cent écus il fallait une pièce entière et deux bœufs pour la porter. Cette monnaie effraya tous les commerçans étrangers; Sparte resta en quelque sorte isolée, sans commerce et sans luxe, ce qui rentrait parfaitement dans l'intention de Lycurgue.

Il semble qu'il aurait pu en rester là; mais pour lier davantage les citoyens entre eux, en faire absolument des hommes de la république et non des particuliers, il les força à manger en commun et à se contenter des mets les moins recherchés; ainsi, par ces deux dernières institutions, *il rendit*, suivant l'expression de Plutarque, *la richesse non sujette à être dérobée, et moins encore à être convoitée*. Qu'importait en effet d'être riche, dans un pays où l'on ne pouvait user de sa fortune ni en tirer vanité?

Cette dernière entreprise révolta d'abord tellement le peuple, et sur-tout les riches, que Lycurgue se vit poursuivi de tous côtés, et eût perdu la vie, s'il ne se fût réfugié dans un temple. Un jeune homme nommé *Alcandre* qui le pressait plus vivement, l'atteignit d'un coup de bâton, et lui creva un œil. Aussitôt Lycurgue se retourna vers les mutins, qui n'eurent pas plutôt remarqué sa figure ensanglantée qu'ils perdirent toute leur fureur. Alcandre fut remis entre les mains du législateur, qui se contenta de l'emmener dans sa maison, et le traita avec tant de douceur, que personne dans la suite ne fut plus zélé partisan et plus sincère admirateur de Lycurgue que ce jeune homme.

Lycurgue, en habile politique, ne voulut pas seulement que Sparte eût de bons guerriers ; il songea même à faire en sorte que les peuples voisins ne pussent l'égaler sous ce rapport : il donna une loi qui défendait aux Spartiates de faire souvent la guerre aux mêmes ennemis, de peur que ceux-ci, contraints de prendre souvent les armes pour leur défense, ne devinssent à la fin vaillans et capables de vaincre leurs maîtres.

Pour vivre sous de semblables lois, il fallait former des hommes qui pussent y trouver leur bonheur ; c'est ce que fit Lycurgue. Suivant lui, les enfans n'appartenaient point aux parens, mais à l'état ; et un père sans esprit ou sans conduite n'avait pas le droit de former à sa guise un sot ou un libertin. Tous les enfans étaient élevés en commun, sous une discipline uniforme et sévère; c'était des hommes, des soldats et des citoyens qu'on préparait à la patrie. Mais ce législateur extraordinaire, en voulant former un peuple au-dessus des autres, et tout sacrifier à sa république, outragea l'humanité : il ordonna que les enfans qui naîtraient faibles ou mal conformés, fussent jetés dans un précipice qui était auprès de la ville, donnant pour raison qu'un être disgracié de la nature ne pouvait que devenir à charge aux autres et à lui-même. Il ordonna aussi, par une loi secrète, que les jeunes gens s'exerçassent à surprendre dans les champs et à tuer quelques-uns des Ilotes. (Ces Ilotes étaient un peuple que les Lacédémoniens avaient réduit en esclavage, et condamné à cultiver leurs terres.) La politique du législateur en ce point était de tenir ces malheureux esclaves dans une crainte qui ne leur permettrait jamais de rien entreprendre contre leurs tyrans, et, en outre, de les empêcher de devenir trop nombreux. Cette politique ne fut que trop bien suivie ; car dans la guerre du Péloponèse, un assez bon nombre d'Ilotes ayant rendu de grands services, furent affranchis et comblés d'honneurs, mais bientôt ils disparurent, et l'on ne sut ce qu'ils étaient devenus : leurs maîtres cruels prévoyaient, sans peine, que cet instant de courage et de gloire suffirait pour leur donner la pensée et l'espoir de redevenir des hommes.

Tels furent les principaux travaux de Lycurgue : ils apprennent que ce fut un génie trop au-dessus du reste des hommes pour pouvoir être jugé selon les règles ordinaires. Ce grand homme, après avoir donné tous ses jours à sa patrie, mourut encore pour elle. L'édifice de ses lois élevé et assuré, il rassembla les Spartiates, et leur fit jurer qu'ils ne changeraient rien à son ouvrage jusqu'à son retour. Ayant reçu leur serment, il s'éloigna de Sparte et s'en fut à Delphes, où, après avoir sacrifié à Apollon, il se laissa mourir de faim, afin d'ôter à ses concitoyens tout espoir de rompre leur serment; il ordonna même que ses cendres fussent jetées dans la mer, pour que jamais rien de lui ne pût retourner à Sparte. Il était, lorsqu'il prit cette résolution, dit Plutarque, dans cet âge vigoureux où l'on peut espérer de vivre long-temps encore, et où l'on trouve en soi toute la fermeté nécessaire pour mourir, s'il est utile de quitter la vie. Ses travaux et sa mort ne furent point inutiles ; les Spartiates, quoique l'un des peuples les moins nombreux de la Grèce, devinrent les plus redoutables, pendant cinq cents ans qu'ils respectèrent les lois les plus étranges qu'on ait jamais imaginé de donner aux hommes.

ROMULUS,
PREMIER ROI DE ROME,
Vers l'an 752 avant notre ère.

Le fondateur de Rome mérite d'être mis au rang des grands hommes, non pour avoir eu des vertus éminentes, ou un de ces génies qui savent percer l'avenir, mais seulement pour avoir fondé la première ville de l'univers. D'après ce que nous en rapporte l'histoire, c'était un de ces hommes que la nature forme pour les choses extraordinaires, mais qui, abandonnés à eux-mêmes, ne montrent une grande ambition que pour commettre de grands crimes, et sacrifient tout ce qui se trouve sur leur passage pour parvenir à leur but.

Amulius, roi d'Albe, fut détrôné par son frère *Numitor* : celui-ci, dans la crainte qu'Amulius trouvât un jour un vengeur dans l'un de ses enfans, le condamna à n'avoir point de postérité, en forçant *Rhéa Sylvia*, sa fille, à se faire vestale. La précaution de l'usurpateur fut inutile ; Sylvia, malgré le vœu de virginité qu'elle avait prononcé, devint enceinte, et accoucha dans une prison, où on l'avait aussitôt renfermée, de deux enfans qui, par la suite, furent nommés *Rémus* et *Romulus*. Pour couvrir son déshonneur, on fit courir le bruit que c'était Mars qui l'avait rendue mère. Numitor se hâta de détruire cette race nouvelle ; il fit mettre les deux enfans dans une auge de bois, et les envoya jeter dans le Tibre par un de ses gardes. Celui-ci se contenta de les exposer sur le rivage, où un certain *Faustulus*, intendant des bergers d'Amulius, les trouva et les emporta chez lui. Sa femme, nommée *Laurentia*, les éleva. Comme ses mœurs étaient très-dissolues, on l'appelait *la louve*; nom injurieux, qui servit sans doute de fondement à la fable que Rémus et Romulus eurent une louve pour nourrice.

Ces deux jeunes enfans furent élevés avec soin par Faustulus, qu'ils croyaient leur père. Leur caractère hardi et entreprenant les distingua bientôt : la chasse, les courses et les combats contre les brigands ; tels étaient leurs amusemens favoris. Un jour ils battirent les bergers de Numitor qui enlevaient une partie des troupeaux d'Amulius ; ceux-ci, à leur tour, les guettèrent si bien, qu'ils parvinrent à enlever Rémus, qui fut aussitôt conduit devant Numitor. Comme Rémus était berger d'Amulius, le roi l'envoya à ce dernier, en le priant de lui en faire justice ; mais Faustulus, averti de ce qui se passait, courut au palais d'Amulius, avoua qu'il n'était point le père de Rémus et Romulus, et fit un détail si exact de ce qui était arrivé, qu'Amulius ne put méconnaître ses petits-fils, Rémus fut mis en liberté. Il n'eût pas manqué, dans tous les cas, de la recouvrer ; car Romulus qui, depuis quelque temps, s'était mis à la tête d'une troupe de gens sans aveu, ou pour mieux dire de brigands, était prêt à entrer dans la ville. Instruit du secret de sa naissance par son frère, ils formèrent à l'instant tous deux le projet de renverser l'usurpateur, qui ne s'y attendait point, et de rétablir sur le trône leur aïeul. Ce projet fut presqu'aussitôt exécuté que conçu. Les deux frères quittèrent ensuite Albe; et toujours à la tête d'une troupe de mauvais sujets qui se grossit encore, ils cherchèrent un lieu pour s'établir eux-mêmes et fonder une ville, ou plutôt une bourgade, où ils pussent se défendre contre leurs voisins qu'ils se proposaient de piller. Ils s'arrêtèrent à l'endroit où fut depuis *Rome*. Dans une dispute sur la situation où devait être cette ville, les deux frères se prirent de querelle, et Romulus tua Rémus, qui, dit-on, avait par dérision franchi d'un saut la trace des fossés que l'on allait creuser. Romulus, resté seul chef, songea à établir une forme de gouvernement ; il divisa en trois parties les terres : la première fut consacrée au culte des dieux, la seconde fut destinée aux dépenses publiques, et la troisième partagée entre ses sujets, et divisée en trente portions égales, conformément au nombre des curies qui composaient le total des citoyens. Les habitans de Rome furent aussi partagés en trois ordres : les praticiens, les chevaliers et les plébéiens. Il établit ensuite un sénat ou conseil de cent hommes choisis dans le premier corps. Il se réserva assez peu de puissance, ou plutôt on lui en laissa peu, car il n'est pas à croire que ce fut modération de sa part.

Cependant Rome s'élevait, et le nombre de ses habitans s'accroissait par les fugitifs et les gens poursuivis pour quelque crime, qui y accouraient comme dans un lieu de refuge ; mais elle manquait encore de femmes : Romulus envoya des députés pour en demander aux Sabins et aux nations voisines. Ce nouveau peuple était si mal regardé, que la demande de ses envoyés ne fut accueillie nulle part. Romulus jura de s'en venger : il fit célébrer des jeux solemnels en l'honneur de Neptune ; et les Sabins, les plus voisins de Rome, ne manquèrent pas d'y venir comme il l'avait prévu. Un grand nombre de Céniniens, de Crustuminiens et d'Antemnates s'y trouvèrent aussi avec leurs femmes et leurs enfans. On les accueillit très-bien ; mais au milieu des jeux, les Romains se jetèrent, l'épée à la main, sur cette assemblée, s'emparèrent des filles, et renvoyèrent ensuite les pères et les mères. Cette violence leur procura des femmes, qui, après bien des cris et des plaintes, finirent par s'accoutumer à leurs maris, dont elles furent aussi bien traitées qu'elles le pouvaient desirer. Une guerre devait naturellement suivre une violation aussi manifeste des droits de l'hospitalité ; mais dès-lors commencèrent les heureux destins de Rome : Romulus tua le roi des Céniniens, détruisit leur ville, et les força de devenir citoyens de Rome. Les Crustuminiens et les Antemnates furent également vaincus, et leurs villes servirent à former des colonies romaines. Restaient les Sabins qui, quoiqu'armés les derniers, furent les plus redoutables ; ils s'introduisirent par trahison dans la nouvelle ville, et peut-être le sort de Rome allait-il être terminé, quand les deux armées en présence, virent avec étonnement accourir entre elles, les Sabines devenues Romaines, et supplier leurs pères et leurs époux de déposer les armes. Ce spectacle inattendu désarma en effet jusqu'aux plus furieux. La paix fut aussitôt faite, et les deux peuples s'unirent à tel point que la plupart des Sabins vinrent habiter Rome, et que *Tatius*, leur roi, gouverna en commun avec Romulus, jusqu'au moment où des ennemis particuliers l'assassinèrent : le roi des Romains resta seul chef dans la suite. Il voulut alors accroître son autorité particulière, et les sénateurs, qui voyaient avec peine le gouvernement se tourner en pure monarchie, méditèrent sa perte : Romulus disparut sans que dans le public on sût ce qu'il était devenu ; il avait alors cinquante-cinq ans, et en avait régné trente-deux. Comme le peuple voulait forcer le sénat à lui apprendre le sort du roi, un certain *Proculus*, qui avait été suborné par les sénateurs, jura publiquement que Romulus, descendu du ciel, lui avait annoncé qu'il était au rang des dieux, et qu'en cette qualité, il demandait les honneurs divins : c'en fut assez pour détourner les soupçons ; et le sénat lui-même s'empressa d'élever des autels à celui qu'il avait assassiné.

NUMA POMPILIUS,

SECOND ROI DE ROME,

Vers l'an 714 avant notre ère.

La mort de Romulus laissa toute l'autorité au sénat, qui la garda pendant une année, parce que les Sabins et les Romains confondus, mais non pas unis, ne pouvaient s'accorder sur le choix d'un roi. Comme chaque peuple en voulait un de sa nation, on finit, pour terminer le différend, par cet accord ; que le peuple qui élirait le roi, serait

serait obligé de le prendre chez l'autre peuple. Le sort décida en faveur des Romains, qui choisirent *Numa Pompilius*, gendre de Tatius, roi des Sabins, qui avait gouverné avec Romulus. Ce choix fut généralement accueilli.

Numa, natif de Cures, principale ville des Sabins, n'avait point suivi à Rome le père de son épouse : c'était un homme sans ambition, qui ne s'occupait qu'à remplir les devoirs de sa religion et ceux de l'humanité ; sa vie était simple et pleine de bonnes actions ; il vivait plus pour les autres que pour lui ; il tâchait de maintenir le bon accord entre ses voisins et ceux que la réputation de sa sagesse amenait auprès de lui pour en recevoir des conseils ; il offrait l'hospitalité avec plaisir ; étudiait la philosophie qui fait l'honnête homme, et avait pour maxime qu'il vaut mieux employer son temps à déraciner les vices de son cœur, qu'à usurper le bien d'autrui. Les députés qui vinrent lui annoncer que Rome l'avait choisi pour son roi, eurent bien de la peine à lui persuader de se charger d'un tel fardeau. Je suis content de mon sort, dit-il ; qu'ai-je besoin d'en changer ? Vous aimez la guerre, et moi la paix ; vous passez votre vie à combattre, et moi à cultiver les champs : quel rapport y a-t-il entre nous ? et comment ferai-je pour terminer les guerres que Romulus a commencées ? Vous mépriserez peut-être mes conseils et ma conduite, parce qu'ils n'auront aucun rapport avec vos mœurs ; croyez-moi, Romains, prenez un roi à qui votre ambition convienne mieux, et dont l'humeur s'accorde avec vos desirs.

Numa se défendit en vain de prendre les rênes du gouvernement ; les Romains l'en supplièrent avec tant d'ardeur, qu'il ne put leur résister, et son consentement fut le signe de la joie la plus vive et la plus générale. Le premier acte de sa puissance fut de casser la compagnie des trois cents satellites que Romulus avait toujours autour de lui, donnant pour raison qu'il ne voulait point se défier de ceux qui lui donnaient leur confiance, ni être roi de gens qui se défieraient de lui.

Rome, fondée par une troupe de brigands, et long-temps gouvernée par un homme qui n'avait pris pour justice avec ses voisins que la décision de la force, Rome avait besoin d'un autre régime pour s'affermir ; elle s'était fait craindre, il était aussi nécessaire qu'elle se fît respecter ; elle s'était établie par les armes, elle ne pouvait se maintenir que par les mœurs. C'est ce que pensait Numa, et ce qu'il voulut entreprendre, mais sans se dissimuler la difficulté de l'entreprise. Comment, en effet, amener à l'amour de la paix des hommes qui n'admettaient que le droit de la guerre ? comment faire aimer la justice à des gens qui devaient tout à la violence et à la rapine ? Il mit la religion en jeu, comme le moyen le plus noble et le plus sûr. Les Romains étaient ignorans, et partant, superstitieux et crédules ; Numa eut peu de peine à leur persuader ce qu'il leur annonça de la part des dieux. La sainteté de sa vie lui avait donné parmi le peuple la réputation d'être aimé et conseillé par une nymphe nommée *Egérie* : l'habile législateur profita de cette opinion pour parler au nom même de cette nymphe ; ses lois en parurent plus sages, plus nécessaires, et furent respectées comme les oracles mêmes d'une divinité. Il créa des cérémonies religieuses, établit des fêtes, bâtit des temples, et après avoir amolli, par ces préliminaires, le caractère féroce des Romains, il en vint à des institutions plus utiles : il songea à assurer les vraies richesses de Rome, en tournant l'esprit de ses habitans vers la culture des terres : il commença par borner le territoire romain, et fixa ensuite les limites des possessions particulières : mais, comme pour forcer son peuple grossier à la justice, il avait toujours besoin de la religion, il imagina le dieu Terme (ou *Borne*), qui semblait veiller au champ de chaque Romain, et retenir dans la crainte le possesseur voisin qui aurait voulu anticiper sur le terrain d'autrui. Il ennoblit autant qu'il put les travaux de l'agriculture, *afin*, dit le bon Plutarque, *que le Romain, en cultivant la terre, se cultivât et s'adoucît soi-même : car il n'y a*, continue-t-il, *métier ni vacation quelconque au monde qui engendre en l'homme si soudain ni si véhément desir de la paix, comme fait la vie rustique*, en laquelle la hardiesse de combattre pour défendre le sien demeure, et y est toujours prompte, et la convoitise de ravir violemment et occuper injustement l'autrui, en est ôtée.

Ce qu'il fit de plus beau ensuite, fut de diviser le peuple par corps d'arts et de métiers. Par cette distribution, la division qui régnait entre les Sabins et les Romains se trouva éteinte ; chacun ne s'occupa que des intérêts de son corps, et ne se souvint plus s'il était Romain ou Sabin.

Trop vertueux pour oublier les intérêts de l'humanité, il abolit ou limita la loi qui permettait aux pères de vendre leurs enfans. Il s'occupa aussi à réformer le calendrier de son temps. Enfin, après avoir régné en véritable roi, c'est-à-dire, en ami des hommes, pendant l'espace de quarante ans, il mourut à plus de quatre-vingts, d'une maladie qui l'éteignit peu-à-peu. Sa mort fut le signe d'un deuil général, et les honneurs qu'on lui rendit à ses funérailles ajoutèrent un nouveau degré de gloire à une aussi belle vie : tous les peuples voisins, amis, alliés et confédérés des Romains, s'y trouvèrent avec des couronnes et autres signes de l'hommage et du respect qu'ils portaient à ce grand homme. Ils lui devaient ces témoignages de douleur, car ils n'avaient jamais joui d'une aussi profonde tranquillité que pendant son règne : ce bon roi, quoiqu'à la tête du peuple le plus remuant, ne fit pas une seule guerre ; et, par sa sage modération, le temple de Janus resta fermé pendant quarante-trois ans de suite ; *tant étaient*, dit Plutarque, *toutes occasions de guerre par-tout éteintes et amorties ! à cause que non-seulement à Rome le peuple se trouva amolli et adouci par l'exemple de la justice, clémence et bonté du roi, mais aussi ès villes de l'environ commença une merveilleuse mutation de mœurs, ni plus ni moins que si c'eût été quelque douce haleine d'un vent salubre et gracieux qui leur eût soufflé du côté de Rome pour les rafraîchir.*

On ajoute à la gloire de Numa, que sa sagesse naturelle l'éleva jusqu'à la connaissance d'un Dieu suprême, et qu'il s'en forma une idée aussi noble qu'il est permis à l'homme de la concevoir. Il est de fait qu'il défendit aux Romains de se faire des images des dieux, ni d'en tailler des statues, disant que, n'ayant point de corps, et n'étant pas d'une substance à tomber sous nos sens, ils ne pouvaient être représentés que d'une manière indigne d'eux et même sacrilège; mais il ménagea les autres superstitions du peuple, et même en augmenta le nombre : il établit aussi les augures, ou l'art ridicule de lire dans l'avenir par le vol des oiseaux. Peut-être qu'ayant affaire à des hommes grossiers, et à qui, comme à presque tous les autres hommes, une erreur était plus utile qu'une verité, il se vit forcé de leur donner des superstitions, dans la crainte qu'ils n'eussent pas même de religion. Quoi qu'il en soit, les cérémonies qu'il ordonna se ressentirent encore de la douceur de son caractère : il ne voulut pas que l'on ensanglantât les autels; des fruits, du lait et un peu de vin étaient les seules oblations que l'on faisait aux dieux ; suivant lui, la pureté

4

du cœur valait mieux que la richesse du sacrifice.

Comme sa philosophie ressemble beaucoup à celle de Pythagore, plusieurs écrivains ont assuré que tous deux vivaient du même temps, et que le roi romain avait profité à l'école du sage grec : mais Plutarque n'est point de cet avis, et l'on croit généralement que Pythagore vécut environ un siècle après Numa.

SOLON,

LÉGISLATEUR D'ATHÈNES,

Vers 639 avant notre ère.

Solon était d'une des plus anciennes familles d'Athènes ; mais son père ayant diminué sa fortune, il se vit contraint, dès sa jeunesse, d'avoir recours au commerce. Cette ressource était alors très-honorable, comme elle doit l'être aux yeux de tout homme sage et sans préjugé. Au surplus, il était sans ambition des biens de la fortune ; et quoiqu'il aimât, comme il l'avoue lui-même dans ses poésies, ses aises et les plaisirs, il se contentait de peu, sans se tourmenter du desir de ce qu'il n'avait pas. Le commerce lui fut sur-tout très-utile en un point : c'est qu'il le mit à même de voyager et de s'instruire chez les étrangers de ce qu'il y avait de plus juste et de plus beau. Il acquit toutes les connaissances d'un philosophe moral et d'un habile politique ; il y joignit l'art de la poésie qu'il aimait beaucoup et qu'il cultivait avec succès ; il ne négligea pas non plus l'éloquence oratoire, et fut aussi aimable que vertueux.

De retour dans sa patrie, il se conduisit avec tant de sagesse, que ses concitoyens, en général, lui donnèrent leur estime, et bientôt leur confiance. Ce fut par son moyen que l'île de Salamine passa des Mégariens en la puissance d'Athènes. Le desir de s'emparer de cette île avait déjà occasionné une guerre si longue que les Athéniens, lassés de la résistance de leurs ennemis, rendirent un décret qui condamnaît à mort celui qui oserait ouvrir un nouvel avis pour continuer cette guerre. Solon, qui prétendait que sa patrie avait de justes droits sur cette île, ne put supporter l'espèce de honte qu'Athènes s'imposait elle-même ; il contrefit le fou, composa une pièce de vers où il tançait les Athéniens, et les excitait de nouveau à la guerre ; il chanta ces vers dans la place, comme aurait fait un insensé, et par cette ruse, il rendit le courage à ses concitoyens, et évita la peine prononcée par le décret, qui fut rapporté sur-le-champ. La guerre fut continuée, et la conduite lui en ayant été donnée, il agit si habilement qu'il chassa les Mégariens de Salamine, et fit rentrer cette île dans la dépendance d'Athènes : ce service, et plusieurs autres aussi essentiels qu'il eut occasion de rendre aux Athéniens, le conduisirent au degré de puissance qu'il occupa par la suite ; et voici à quelle occasion.

Athènes depuis long-temps portait en elle le germe du désordre et de la confusion ; les citoyens étaient séparés par divers intérêts, mais le plus grand mal venait de l'extrême disproportion qu'il y avait entre les fortunes. Les gens riches possédaient tout, et les pauvres n'avaient plus d'autre ressource que le désespoir, qui, dans sa fureur, peut tout bouleverser. Le menu peuple était tellement obéré de dettes, qu'il empruntait sans cesse des riches ; et, ne pouvant jamais rendre, parce que les intérêts étaient excessifs, un grand nombre en étaient venus au point de répondre sur leurs propres personnes, ce qui les avait naturellement conduits à l'esclavage. Une partie avait été vendue en pays étranger; le reste languissait dans la plus dure captivité, sous les yeux de leurs parens et de leurs amis prêts à partager leur sort. Dans cette situation cruelle, une révolte allait éclater, et il y avait tout à craindre pour la liberté d'Athènes : les plus sages Athéniens jetèrent, de concert, les yeux sur Solon, qui seul n'avait point partagé l'injustice et la violence des riches, et qui n'éprouvait pas les nécessités des pauvres ; ils le prièrent de se mêler des affaires et de trouver un moyen de sauver la république. Solon y répugna d'abord, parce que, quelque parti qu'il prît, il était bien sûr qu'il déplairait aux pauvres ou aux riches : il se chargea cependant de cette entreprise délicate. Nombre de ses amis lui conseillèrent en secret de saisir l'occasion et de s'emparer du gouvernement ; il le pouvait, et avec quelque justice dans l'administration et une fermeté convenable, il eût fait légitimer et peut-être bénir son usurpation : mais il était plus sage qu'ambitieux, et plus honnête homme que ceux qui le conseillaient ; il s'occupa de sa mission, et fit, dans ces circonstances difficiles, ce qui pouvait être le plus utile en blessant le moins la justice : les pauvres n'avaient rien, et ne pouvaient par conséquent payer ; les riches les avaient accablés de leur avarice, et s'étaient déjà dédommagés par les intérêts exorbitans qu'ils avaient prélevés ; eux seuls pouvaient donc perdre et le méritaient : Solon abolit les dettes. Il ne pouvait faire mieux, et n'en fut pas moins blâmé : les riches jetèrent les hauts cris, et les pauvres se plaignirent de ce qu'il n'avait point partagé les terres comme avait fait Lycurgue. Bien avec sa conscience, et laissant se plaindre l'avarice des riches et l'avidité des pauvres, Solon ne se conduisit pas avec moins de fermeté dans les autres réformes qu'il crut utile de faire. Son courage eut son prix : on reconnut la sagesse de sa conduite ; et les Athéniens, sentant plus que jamais le besoin qu'ils avaient qu'une main habile tranchât au vif dans le mal qui amenait tout le désordre de leur constitution, lui donnèrent le pouvoir de détruire, confirmer ou établir tout ce qu'il jugerait utile au bien de la république.

Il commença donc alors son ouvrage par abroger les lois de Dracon, dont la sévérité mal entendue n'était propre qu'à les faire négliger. Il divisa ensuite le peuple en quatre tribus, et la fortune des particuliers assigna le rang qu'ils devaient tenir dans la république ; il voulut que les emplois restassent entre les mains des plus riches ; les gens qui vivaient de leur travail et qui composaient la quatrième classe n'eurent d'autre droit que de confirmer ou rejeter ce qui avait été discuté dans l'aréopage et au sénat du Prytanée, ce qui, dans la suite, fit dire au Scythe Anacharsis, qu'à Athènes les sages délibéraient, mais que la décision était réservée aux fous. Ce droit, qui d'abord parut de peu d'importance, devint dans la suite très-considérable, et rendit en effet le peuple maître des affaires de la république. Comme il sentait que la société n'est bien établie qu'autant que les individus s'y soutiennent mutuellement, il permit, à qui le voudrait, de prendre l'intérêt et la défense de celui qui aurait été lésé dans sa personne ou ses droits; *voulant*, dit Plutarque, *accoutumer les citoyens à se ressentir et à se douloir du mal les uns des autres, comme d'un membre de leur corps qui aurait été offensé*. Aussi, comme on lui demandait un jour quelle nation était la mieux policée, il répondit: Celle où l'homme qui n'a reçu aucune injure, poursuit l'injure d'autrui avec autant de chaleur que s'il l'eût reçue lui-même.

Il donna de nouveaux droits et un nouveau lustre à l'aréopage; il fixa le nombre des membres du sénat à quatre cents, qu'il tira des quatre classes. Il fit ensuite des lois, parmi lesquelles on en remarque quelques-unes d'un caractère particulier : 1°. celle qui notait d'infamie le citoyen qui, dans une sédition, ne se rangerait d'un parti ni de l'autre. Il ne voulait point que les individus s'isolassent et ne songeassent seulement qu'à mettre leurs intérêts propres en sûreté, sans se soucier de celui de la patrie ; 2°. celle qui empêchait aux femmes d'apporter une riche dot à leurs maris, ne voulant pas que la sainteté du mariage dégénérât en une affaire d'intérêt et de trafic ; 3°. celle qui permettait aux personnes sans enfans de laisser leurs biens à qui bon leur semblait ; 4°. celle qui fixait le nombre des voyages que les dames pouvaient faire à la campagne, ce qu'elles avaient la liberté d'y emporter, le tems qu'elles devaient donner au deuil, et même dans quel cas elles pouvaient pleurer sur le tombeau de ceux qu'elles avaient perdus ; il porta le soin jusqu'à leur défendre de s'égratigner et meurtrir le visage ; 5°. celle qui ordonnait que chaque citoyen eût un métier, et dispensait celui à qui ses parens n'en avaient point fait apprendre de les nourrir dans leur vieillesse ; 6°. celle qui chargeait l'aréopage de rechercher comment chacun pourvoyait à son existence, et de punir ceux qui se livraient à l'oisiveté ; 7°. celle qui permettait de tuer un adultère pris sur le fait, et qui en même temps ne condamnait qu'à une amende assez légère celui qui avait ravi et séduit la femme d'un autre citoyen ; 3°. enfin celle qui dispensait de tout devoir le fils d'une courtisane envers son père.

Solon ne fit aucune loi contre les sacriléges et les parricides ; et comme on lui en demandait la raison, il répondit : *Le premier crime est encore inconnu à Athènes, et la nature a tant d'horreur du second, que je ne crois pas qu'elle puisse s'y déterminer.* Quelqu'un encore lui demandant s'il avait fait les meilleures lois : *Non*, répondit-il, *mais celles qui convenaient le mieux.*

Lorsque ses lois furent établies, il rassembla les Athéniens sur la place, et leur fit jurer de les observer pendant l'espace de cent ans. Il crut ensuite pouvoir se livrer au repos et aux Muses ; mais il se vit bientôt harcelé par une multitude de gens qui sans cesse venaient lui demander de nouvelles lois, ou des interprétations de celles qui étaient déjà faites. Pour éviter cet embarras, qui n'aurait pas eu de fin, et les haines qui ne pouvaient manquer de suivre, il prétexta un voyage, le commença, et s'absenta pendant dix ans de son pays. Il fut d'abord en Egypte, où il s'entretint avec les plus sages prêtres. On rapporte que sur l'invitation de Crésus, il passa ensuite dans la Lydie. Crésus, qui n'estimait que les richesses, et qui avait rassemblé dans son palais tout ce qu'il y avait de plus précieux, voulut éblouir le sage grec, et ne fit que l'étonner. Il lui demanda s'il avait connu quelqu'un plus heureux que lui. *Oui*, répondit Solon ; *ce fut un citoyen d'Athènes qui, après avoir vu ses enfans estimés et sa patrie heureuse, laissa assez de biens aux premiers, et mourut pour la seconde.* Crésus, qui ne doutait pas d'être mis au second rang, demanda si, après cet Athénien, Solon n'avait pas connu quelqu'un dont le bonheur pût être préféré au sien. *J'en puis citer deux*, répondit le sage ; et il rapporta l'histoire de *Cléobis* et *Biton*, qui étaient morts victimes de leur piété filiale. *Eh quoi !* reprit Crésus, *vous ne me compterez donc pas au nombre des heureux ? Roi de Lydie*, répliqua Solon, *Dieu nous a donné à nous autres grecs un esprit ferme et simple, qui ne nous permet pas d'estimer ce qui n'est qu'éclatant, et d'admirer un bonheur qui peut-être n'est que passager. Celui-là seul nous paraît heureux, de qui Dieu a continué la félicité jusqu'au dernier moment de la vie : car le bonheur d'un homme qui vit encore, et qui flotte au milieu des écueils de cette vie, nous paraît aussi incertain que la couronne pour celui qui court dans la carrière. Ne vous y trompez pas, grand roi ; on trouve dans une fortune médiocre beaucoup d'hommes heureux, et ils ont cet avantage sur les riches, qu'ils sont moins exposés aux revers de la fortune, et, sur-tout, peuvent moins contenter leurs desirs : cette impuissance n'est pour eux qu'une faveur de plus de la part des dieux.*

Crésus fut si piqué du mépris que le sage faisait de ses richesses, qu'il affecta de le mépriser. Ésope, qui se trouvait alors à la cour de ce roi, crut rendre un service à Solon que de l'avertir qu'il fallait dire des choses agréables aux rois, ou ne les jamais approcher. *Dites plutôt*, reprit Solon, *qu'il faut ou ne les pas approcher, ou leur dire des choses utiles.* Plutarque qui rapporte ce fait, sans le donner pour certain, ajoute que, lorsque Crésus eut perdu l'empire, qu'il se vit en la puissance de Cyrus, et prêt à être consumé sur un bûcher, il connut alors la sagesse de l'Athénien, et qu'il s'écria trois fois : *O Solon !* Cette exclamation lui valut la vie : Cyrus ayant demandé pourquoi il la faisait, et Crésus lui ayant rapporté ce qui lui avait été dit, et sur-tout qu'il fallait attendre la fin de la vie d'un homme pour juger de son sort, le vainqueur pardonna au vaincu ; et Solon, dit Plutarque, eut la gloire de sauver l'honneur à l'un de ces rois, et la vie à l'autre.

A son retour à Athènes, Solon eut la douleur de voir encore une fois sa patrie dans le désordre. Pisistrate faisait tous ses efforts pour usurper le pouvoir souverain, et il parvint à son but. Le législateur, qui était déjà fort âgé, ne put faire pour la liberté de son pays ce qu'il avait déjà fait dans la vigueur de son âge : il se garda bien cependant de rester indifférent ; et quoique Pisistrate eût été son ami intime, et qu'il en reçût encore les honneurs qui lui étaient dus, il ne s'en opposa pas moins de toute sa force à l'usurpation. Quand il vit qu'il ne restait plus d'espoir, il prit ses armes, les mit à sa porte sur la rue, et se tint chez lui, donnant son temps à l'étude, et répétant sa maxime favorite, qu'*en vieillissant il s'instruisait encore.* S'il fut quelque consolation pour lui, c'est de voir que ses lois furent maintenues ; Cicéron et Plutarque disent que, de leur temps même, plusieurs de ces lois, qui firent la gloire d'Athènes, étaient encore dans toute leur vigueur. Solon mourut fort âgé ; les uns disent chez lui, les autres chez le roi de Philocypre où il s'était retiré, ne voulant pas partager la lâcheté et le joug des Athéniens.

ÉSOPE,

CÉLÈBRE FABULISTE,

Vers 600 ans avant notre ère.

Il est difficile de fixer le temps où vécut Ésope : sa rencontre avec Solon à la cour de Crésus, si elle était reconnue véritable, leverait l'incertitude ; mais plusieurs écrivains la révoquent en doute, et font vivre Ésope presqu'un siècle plus tard. Les circonstances de sa vie ne sont guère plus connues. Un moine grec, nommé Planude, fit un roman ridicule qu'il lui plut de donner comme les aventures de ce célèbre fabuliste ; il le représente comme un être aussi difforme dans sa personne que bizarre dans sa conduite. Tout ce que l'on croit savoir, c'est qu'il naquit à Amorium, bourg de Phrygie ; qu'il fut d'abord esclave de deux philosophes, Xanthus et Idmon ; que ce dernier, charmé de son esprit et de son imperturbable gaîté; l'affranchit et en fit un de ses amis.

Les sentences, les bons mots et les fables d'Esope se répandirent bientôt par toute la Grèce, et passèrent de là dans les autres pays. Crésus l'appela à sa cour, goûta la tournure de son esprit, et se l'attacha par des bienfaits pour le reste de sa vie. L'aimable philosophe, avide de voir et d'apprendre, fit plusieurs voyages, et trouva par-tout à placer avec avantage quelques-uns de ses apologues, que sans doute il imaginait sur-le-champ et selon les circonstances. Il raconta aux Athéniens, qui murmuraient de la nouvelle tyrannie de Pisistrate, la fable *des Grenouilles qui demandent un roi*; à Delphes, il eut l'imprudence de dire celle *des Bâtons flottans sur l'onde*, pour faire entendre aux Delphiens que leur conduite était bien au-dessous de leur réputation. Ces barbares justifièrent ses reproches en le précipitant, par vengeance, du haut d'un rocher. Ainsi périt ce sage qui avait su revêtir la morale d'une parure si charmante. Toute la

Grèce prit part à sa mort ; et Athènes, en particulier, lui éleva une statue magnifique.

Ses fables furent recueillies, et plurent également aux philosophes et à ceux qui ne l'étaient pas. Socrate les estimait à un tel point, qu'il s'amusa dans sa prison à en mettre quelques-unes en vers.

PYTHAGORE,

PHILOSOPHE DE SAMOS,

Vers l'an 592 avant notre ère.

La véritable sagesse est simple, et voilà pourquoi elle frappe rarement le peuple, qui fait les réputations : les opinions bizarres et les mensonges grossiers ont bien plus d'empire sur son esprit. L'imposteur ou l'insensé qui lui débite des visions ridicules, devient à ses yeux un sage, un prophète, et quelquefois même un dieu : le vrai sage qui vient ensuite, et qui tente de détruire les erreurs, est, au contraire, regardé comme un impie et un être dangereux dont il faut purger la société. Voilà le train du monde depuis son origine, et il est malheureusement à croire qu'il ne se corrigera jamais parfaitement.

Sans doute que la plupart de ces hommes, dont l'antiquité a fait, sous les noms de sages et de philosophes, de véritables merveilles, avaient remarqué cette faiblesse de l'esprit humain, et qu'ils ont mieux aimé en imposer à la multitude que de vivre obscurs au milieu d'elle ; peut-être quelques-uns étaient-ils des génies vraiment supérieurs ; et, dans ce cas, il faut regretter que d'imbécilles écrivains se soient seuls chargés de nous transmettre les contes puérils dont la populace s'est plue, dans tous les temps, à masquer les actions des grands hommes. A ne considérer Pythagore que d'un côté, il paraît devoir être mis au nombre de ces derniers ; mais en réfléchissant sur quelques-unes de ses opinions, il faut avouer que c'était un esprit plus bizarre encore que sage. Si l'on adopte les contes dont on a chargé sa mémoire,

on

on est alors forcé de le regarder comme un misérable charlatan, qui, pour débiter avec plus de poids sa sagesse et sa folie, trompe sans pudeur les sots qui l'entourent, et pense assez mal du genre humain pour être sûr qu'on le croira. Quoi qu'il en soit, inclinons à l'indulgence, et ne doutons point que les prodiges qu'on lui attribue sont plutôt de l'invention de ses enthousiastes que de la sienne.

On présume que ce philosophe naquit à Samos, vers 592 avant notre ère, et que son père était sculpteur. Il fut lui-même d'abord athlète, profession honorable chez les Grecs; mais ayant entendu Phérécyde, philosophe de Scyros, parler sur l'immortalité de l'ame, il en fut si charmé qu'il se livra tout entier à l'étude de la philosophie. Il voyagea ensuite dans l'Egypte, la Chaldée et l'Asie mineure; il recueillit tout ce qu'il crut nécessaire à l'instruction des hommes, et revint avec ces richesses dans sa patrie. Elle était alors tombée sous la tyrannie de Polycrate; et le philosophe, quoique très-bien accueilli par l'usurpateur, se retira dans la grande Grèce, et fit sa demeure ordinaire à Héraclée, à Tarente, et sur-tout à Crotone, dans la maison du fameux athlète Milon. Sa réputation se répandit bientôt au loin, et les disciples accoururent de toutes parts pour l'entendre. Les sacrifices qu'il fallait faire pour être admis à ses leçons n'étaient cependant point légers : ce philosophe singulier, sans doute pour se lier plus étroitement ses sectateurs, leur faisait subir des épreuves qui auraient dû lui ôter jusqu'au dernier disciple, si l'enthousiasme ne s'attachait pas précisément avec plus de force à ce qui est extraordinaire et difficile. Il condamnait préliminairement à un silence de deux années les gens taciturnes, et prolongeait ce noviciat jusqu'à cinq ans pour ceux qu'il jugeait les plus enclins à parler ; ils devaient renoncer à leur patrimoine, apporter leurs biens aux pieds du maître, et vivre ensuite en commun. La confiance qu'ils avaient en lui était extrême ; et long-temps encore après son existence, lorsqu'on leur demandait raison de quelques-unes de ses opinions, ils se contentaient de répondre : *Le maître l'a dit.*

Pythagore, qui méditait de grandes réformes, songea à capter entièrement l'esprit des hommes par un moyen fort étrange; il se tint renfermé dans une caverne pendant un certain temps, et n'en sortit avec un visage pâle et défait, que pour annoncer qu'il revenait des enfers. Il débita alors avec plus d'assurance ses maximes ; ce n'était plus un homme qui parlait, c'était un être surnaturel, et il fut obéi. On prétend qu'il rendit de grands services au pays où il s'était retiré : il mit la police dans presque toutes les villes d'Italie, pacifia les guerres et les séditions intestines, et eut beaucoup de part au gouvernement de Crotone, de Métaponte et des autres grandes villes, dont les magistrats étaient obligés de prendre et de suivre ses conseils. Il s'occupa avec la même ardeur de la morale et de la discipline des mœurs ; il exhorta les maris à vivre dans la chasteté du mariage et à renvoyer leurs concubines; il put même porter les femmes à renoncer à leurs frivoles parures, et à regarder la pudeur comme le plus bel ornement du sexe ; il commanda l'obéissance aux enfans, et la vertu à tout le monde. Il faisait dépendre le bonheur des hommes et la solidité des états, de la tempérance ; et il avait raison. *Il faut*, disait-il souvent, *faire la guerre à cinq choses: aux maladies du corps, à l'ignorance de l'esprit, aux passions du cœur, aux séditions des villes et à la discorde des familles.* Il recommandait sur-tout la bienfaisance : *être utile à ses semblables et leur apprendre la vérité*, disait-il, *voilà les plus beaux présens que le ciel ait faits aux hommes.*

Une aussi belle morale ne devait produire que des hommes vertueux ; et Pythagore eut la gloire de former les législateurs *Zaleucus* et *Charondas*. Sa philosophie fut beaucoup moins bonne. C'est lui qui mit le plus en honneur le système de la *métempsycose* ou de la transmigration des ames d'un corps à un autre : on présume qu'il l'avait emprunté des Brachmanes ou des Egyptiens. Il tenait si fort à cette chimère, qu'il prétendait se souvenir dans quel corps il avait existé avant d'être Pythagore : sa généalogie ne remontait que jusqu'au siége de Troie ; il avait d'abord été *Ethalide*, fils putatif de Mercure; ensuite *Euphorbe*, blessé par *Ménélas*; puis *Hermotime*, puis un pêcheur, et enfin Pythagore. Une ame pouvait aussi passer d'un corps humain dans celui d'un animal; et, en conséquence de ce système, le philosophe ordonna à ses sectateurs de s'abstenir de toute nourriture qui avait eu vie. Il admettait une intelligence suprême, et, si l'on doit juger de sa manière de penser par ce qui nous reste de *Zaleucus*, son disciple, il avait l'idée la plus noble de la Divinité. Au-dessous de cette intelligence suprême, il plaçait une force motrice de l'univers, et en troisième lieu une matière sans intelligence et sans mouvement par elle-même. «Pythagore avait découvert entre les parties du monde des rapports, des proportions. Il avait apperçu que l'harmonie ou la beauté était la fin que l'intelligence suprême s'était proposée dans la formation du monde, et que les rapports qu'elle avait mis entre les parties de l'univers, étaient le moyen qu'elle avait employé pour arriver à cette fin. Ces rapports s'exprimaient par des nombres. Parce qu'une planète est, par exemple, éloignée du soleil plus ou moins qu'une autre, un certain nombre de fois, Pythagore conclut que c'était la connaissance de ces nombres qui avait dirigé l'intelligence suprême. » (*Mémoires pour servir à l'histoire des égaremens de l'esprit humain.*) Telle était, en ce point, la philosophie de Pythagore ; et il faut convenir que c'était parvenir à un résultat vraiment beau par des moyens assez ridicules. Il pensait encore que l'ame était une portion de l'intelligence suprême, que son union avec le corps en tenait séparée, et qui s'y réunissait lorsqu'elle s'était dégagée de toute affection aux choses corporelles : la mort qui séparait l'ame du corps ne lui ôtait point ses affections, il n'appartenait qu'à la philosophie d'en guérir l'ame ; et c'était l'objet de toute la morale de Pythagore. Ce philosophe ne débitait volontiers sa doctrine que sous le voile des énigmes ; et s'il en paraissait plus étonnant à ses sectateurs, il n'en était que moins clair aux yeux de ceux qui y cherchaient ce qu'il y avait réellement.

Enfin, après avoir vécu plus d'un siècle et avoir joui de la plus grande réputation, Pythagore mourut à Métaponte, tellement admiré, que sa maison fut changée en un temple, et sa personne honorée comme un dieu. On ne manqua pas, suivant la coutume, de répandre qu'il avait fait mille prodiges pendant et après sa vie, et il s'est trouvé un nombre infini de gens qui n'en ont pas douté.

ZALEUCUS,

LÉGISLATEUR DES LOCRIENS,

Vers 500 ans avant notre ère.

Zaleucus, législateur des Locriens et disciple de Pythagore, est peu connu : il ne nous reste de lui que le préambule de ses lois ; mais ce morceau seul lui assure une place distinguée parmi le très-petit nombre d'hommes qui ont, par la raison, honoré la nature humaine. Voici ce fragment : *Tout citoyen doit être persuade*

4.

de l'existence de la Divinité. Il suffit d'observer l'ordre et l'harmonie de l'univers, pour être convaincu que le hasard ne peut l'avoir formé. On doit maîtriser son ame, la purifier, en écarter tout mal, persuadé que Dieu ne peut être bien servi par les pervers, et qu'il ne ressemble point aux misérables mortels qui se laissent toucher par de magnifiques cérémonies et par de somptueuses offrandes. La vertu seule et la disposition constante à faire le bien peuvent lui plaire. Qu'on cherche donc à être juste dans ses principes et dans la pratique; c'est ainsi qu'on se rendra cher à la Divinité. Chacun doit plus craindre ce qui mène à l'ignominie que ce qui mène à la pauvreté. Il faut regarder comme le meilleur citoyen celui qui abandonne la fortune pour la justice; mais ceux que leurs passions violentes entraînent vers le mal, hommes, femmes, citoyens, simples habitans, doivent être avertis de se souvenir des dieux, et de penser souvent aux jugemens sévères qu'ils exercent contre les coupables. Qu'ils aient devant les yeux l'heure de la mort, l'heure fatale qui nous attend tous ; heure où le souvenir des fautes amène les remords, et le vain repentir de n'avoir pas soumis toutes ses actions à l'équité !

Chacun doit donc se conduire à tout moment, comme si ce moment était le dernier de sa vie ; mais si un mauvais génie le porte au crime, qu'il fuie aux pieds des autels ; qu'il prie le ciel d'écarter loin de lui ce génie malfaisant; qu'il se jette, sur-tout, entre les gens de bien, dont les conseils le ramèneront à la vertu, en lui représentant la bonté de Dieu et sa vengeance !

« Non ! s'écrie Voltaire, après avoir transcrit ce passage ; non, il n'y a rien dans toute l'antiquité qu'on puisse préférer à ce morceau simple et sublime, dicté par la raison et par la vertu, dépouillé d'enthousiasme et de ces figures gigantesques que le bon sens désavoue ! »

J'ajouterai qu'après la lecture de ce préambule, qui donne des idées si nobles et si vraies de la Divinité, on a de la peine à concevoir comment les hommes ont pu préférer les superstitions les plus grossières et les plus absurdes, au simple bon sens qui plaît sans effort à la raison, et donne une si douce espérance au cœur vertueux. Par ce début si sage, on doit naturellement juger combien étaient justes et raisonnables les lois de Zaleucus ; le temps les a plongées dans l'oubli, et c'est une véritable perte.

On prête à Zaleucus, comme aux autres grands hommes, des défauts et des actions ridicules : on prétend qu'il était si jaloux des lois qu'il avait établies, qu'il ordonna que quiconque voudrait y changer quelque chose, serait obligé, en proposant sa nouvelle loi, d'avoir la corde au cou, afin d'être étranglé sur-le-champ si elle ne valait pas mieux que l'ancienne. Ce conte, s'il fallait l'admettre, prouverait tout au plus que Zaleucus sentait mieux que personne le danger qu'il y avait pour un peuple de changer souvent ses lois.

On rapporte encore que ce législateur avait fait une loi qui portait que les adultères auraient les yeux crevés : son fils, quelque temps après, fut convaincu de ce crime; le peuple voulut lui faire grace, mais Zaleucus s'y opposa; cependant, législateur équitable et bon père à-la-fois, il se priva d'un de ses yeux pour éviter la moitié de la peine à son fils.

PINDARE,

CÉLÈBRE POÈTE LYRIQUE GREC,

Né vers l'an 500 avant notre ère.

PINDARE naquit à Thèbes, dans la Béotie, vers l'an 500 avant l'ère vulgaire. Une dame grecque fut du nombre de ceux qui lui apprirent l'art de faire des vers. Il avait un génie élevé, impétueux, et choisit le genre de poésie qui convenait le plus à sa façon de sentir et de s'exprimer. Ses *odes* respirent l'enthousiasme dont il était rempli, et sont ornées des figures les plus hardies; il s'est tellement mis au-dessus de ceux qui l'avaient précédé dans le même genre, qu'on le nomma le *prince des poètes lyriques*. Il mérite peut-être encore ce titre pompeux. Il eut le bonheur de jouir de sa réputation : Thèbes l'ayant condamné à une amende pour avoir trop loué Athènes, cette dernière ville fit payer l'amende des deniers publics. Après sa mort, il fut encore respecté dans ses descendans : Alexandre, ayant ordonné la ruine entière de la ville de Thèbes, fit épargner la maison qu'avaient habitée Pindare et la famille du poète. Cette exception parle encore plus en faveur d'Alexandre, qui savait apprécier ce qui était vraiment beau, qu'en faveur de Pindare, dont la réputation n'eût pas été moins brillante sans cet acte du vainqueur des Perses. On pense que ce poète mourut au théâtre, vers sa soixante-quatrième année.

CONFUCIUS,

PHILOSOPHE CHINOIS,

Vers 550 avant notre ère.

Confucius ou Confut-zée naquit à Chan-ping, dans la Chine, vers 550 avant notre ère, et tirait son origine de l'empereur *Ti-Y*, dix-septième souverain de la seconde race. La vertu seule lui acquit toute sa célébrité, et il est du petit nombre de ceux dont on a dit beaucoup de bien et point de mal. Ses lumières et sa sagesse l'élevèrent au grade de mandarin et à celui de ministre d'état du royaume du *Lu*, aujourd'hui *Chang-Ton*. Son ambition fut celle d'un homme vertueux; il desira d'avoir quelque puissance, pour être à portée de faire plus de bien que dans la vie privée; mais trompé dans un espoir aussi beau, il quitta ses emplois, son pouvoir, et se contenta d'être philosophe. Il se retira dans le royaume de Sin, y ouvrit une école, et vit en peu de temps ses disciples monter au nombre de trois mille. » Il divisa sa doctrine en quatre parties, et son école en autant de classes. Ceux du premier ordre s'occupaient à cultiver la vertu, et à se former l'esprit et le cœur; ceux du deuxième s'attachaient non-seulement aux vertus qui font l'honnête homme, mais encore à ce qui rend l'homme éloquent; les troisièmes se consacraient à la politique; l'occupation des quatrièmes était de mettre dans un style élégant les réflexions les plus justes sur la conduite des mœurs. Confucius, dans toute sa doctrine, n'avait pour but que de dissiper les ténèbres de l'esprit, bannir les vices du cœur, et rétablir cette intégrité, présent du ciel, si rare dans tous les siècles. Obéir à Dieu, le craindre, le servir; aimer son prochain comme soi-même; se vaincre, soumettre ses passions à la raison, ne rien faire, ne penser rien qui lui fût contraire: telles étaient les leçons que ce grand homme donnait et pratiquait. Aussi modeste que sublime, il déclarait qu'il n'était pas l'inventeur de sa doctrine, mais qu'il l'avait tirée d'écrivains plus anciens, sur-tout des rois *Yao* et *Xun* qui l'avaient précédé de plus de 1500 ans. » (*Du Halde et le Comte.*)

Confucius débitait sa morale sous la forme de maximes, comme plus propre à frapper l'esprit des hommes et à s'y fixer. Nous avons un recueil de ces maximes, dont l'authenticité cependant n'est pas démontrée. Ce vertueux philosophe revint sur la fin de sa vie avec ses disciples au royaume de Lu, et y mourut à 73 ans. Le respect qu'il avait inspiré était si grand, qu'on lui rendait les honneurs accordés aux rois seuls. Il fut en plus grande vénération encore après sa mort. Sa morale fut regardée comme un code divin, une inspiration du ciel même : on établit dans toutes les villes de magnifiques colléges pour l'enseigner et la perpétuer ; sur chacun de ces édifices on grava en lettres d'or : *Au grand maître. — Au premier docteur. — Au précepteur des empereurs et des rois. — Au saint. — Au roi des lettres.* Quand un officier de robe passe devant l'un de ces colléges, il descend de son palanquin, et fait quelques pas à pied pour honorer le législateur de la morale. Ses descendans sont mandarins nés, et ne payent aucun tribut à l'empereur. Mais le plus grand honneur que les Chinois ont pu rendre à ce célèbre philosophe, c'est d'avoir quelquefois imité sa vertu.

LUCIUS JUNIUS BRUTUS,

L'ANCIEN, LIBÉRATEUR DE ROME,

Vers l'an 509 avant notre ère.

Tarquin le Superbe régnait sur Rome, dont il était l'horreur. Après avoir fait assassiner Servius, son beau-père, pour jouir plutôt de la royauté, il se conduisit en tyran, et fit desirer sa mort par tous les Romains. Il n'ignorait pas combien on le détestait ; aussi le moindre soupçon était-il puni d'exil ou de mort. Plusieurs sénateurs des premiers de Rome périrent par ses ordres ; Marcus Junius fut de ce nombre ; le fils aîné de ce Romain partagea le sort de son père. Lucius Junius, autre fils de Marcus, eût couru la même fortune, si, pour échapper à la cruauté du tyran, il n'eût feint d'être hébêté et d'avoir perdu l'esprit; ce qui lui fit donner, par mépris, le nom de *Brutus*, qu'il rendit depuis si illustre. Ce Romain qui, sans doute, n'attendait que le moment de venger son père et son frère, trouva cette occasion si desirée, et eut en outre le bonheur de délivrer sa patrie.

Sextus, fils de Tarquin, se conduisait en débauché qui ne craint ni les lois ni les hommes. Une dame romaine de la première condition, Lucrèce alluma dans son cœur des desirs impudiques. Comme il lui fut impossible d'amener cette dame au but infâme qu'il se proposait, il la déshonora par la violence. Cette vertueuse romaine, ne voulant point survivre à ce cruel déshonneur, fit appeler son père, son mari, ses parens et les principaux amis de sa maison, auxquels elle demanda vengeance du crime dont elle venait d'être victime. Elle s'enfonça en même temps un poignard dans le cœur, et tomba morte aux pieds de son père et de son mari.

« Tous ceux qui se trouvaient présens à ce funeste spectacle jetèrent de grands cris ; mais pendant qu'ils s'abandonnaient à leur douleur, Brutus laissant pour ainsi dire tomber le masque, et se montrant à découvert : Oui, dit-il en prenant le poignard dont Lucrèce s'était frappée, je jure hautement de venger l'injure qui lui a été faite ; et je vous prends à témoins, dieux tout-puissans, que j'exposerai ma vie, et que je répandrai jusqu'à la dernière goutte de mon sang pour empêcher qu'aucun de cette maison, ni même qui que ce soit, règne jamais dans Rome. »

« Il fit passer ensuite ce poignard entre les mains de Collatin, de Lucretius, de Valérius et de tous les assistans, dont il exigea le même serment. Ce serment fut le signal d'un soulèvement général. Il est bien vraisemblable que le peuple regarda d'abord comme un prodige et comme une preuve sensible que le ciel s'intéressait à la vengeance de Lucrèce, ce changement si prompt qui venait de se faire en apparence dans l'esprit de Brutus. La pitié pour cette infortunée romaine et la haine des tyrans, firent prendre les armes au peuple. L'armée, touchée des mêmes sentimens, se révolta; et par un décret public les Tarquins furent bannis de Rome...... On dévoua aux dieux des enfers, et on condamna aux plus cruels supplices ceux qui entreprendraient de rétablir la monarchie. L'état républicain succéda au monarchique......Au lieu d'un prince perpétuel on élut, pour gouverner l'état, deux magistrats annuels, tirés du corps du sénat, auxquels on donna le titre modeste de Consuls, pour leur faire connaître qu'ils étaient moins les souverains de la république que ses conseillers, et qu'ils ne devaient avoir pour objet que sa conservation et sa gloire. »

« Brutus, l'auteur de la liberté, fut élu pour premier consul, et on lui donna pour collègue, Collatin, mari de Lucrèce, dans la vue qu'il serait plus intéressé que tout autre à la vengeance de l'outrage qu'elle avait reçu. »

« Mais cette république naissante pensa être détruite dès son origine. Il se forma dans Rome un parti en faveur de Tarquin: quelques jeunes gens des premiers de la ville, élevés à la cour, et nourris dans la licence et les plaisirs, entreprirent de rétablir ce prince. La forme austère d'un gouvernement républicain, sous lequel les lois seules, toujours inexorables, ont droit de régner, leur fit plus de peur que le tyran même : accoutumés aux distinctions flatteuses de cour, ils ne pouvaient souffrir cette égalité humiliante qui les confondait dans la multitude. Ce parti grossissait tous les jours ; et ce qui est de plus surprenant, les enfans même de Brutus et les Aquiliens, neveux de Collatin, se trouvèrent à la tête des mécontens. Mais avant que la conspiration éclatât, ils furent découverts, et on prévint leurs mauvais desseins. Brutus, père et juge des criminels, vit bien qu'il ne pouvait sauver ses enfans sans autoriser de nouvelles conjurations, et que c'était ouvrir lui-même les portes à Tarquin. Ainsi, préférant sa patrie à sa famille, et sans écouter la voix de la nature, il fit couper en sa présence la tête à ses deux fils comme à des traîtres. Le peuple admira la triste fermeté avec laquelle il avait présidé à leur supplice. Son autorité en devint encore plus grande ; et après la mort des deux fils du consul, il n'y eut plus aucun Romain qui osât penser seulement au retour de Tarquin. Collatin, collègue de Brutus, par une conduite opposée à la sienne, et pour avoir voulu sauver ses neveux, se rendit suspect, et fut destitué du consulat. Le peuple, jaloux et comme furieux de sa liberté, le bannit de Rome ; il n'osa se fier à la haîne déclarée que ce Romain faisait paraître contre Tarquin. Il craignit justement qu'étant parent du prince, il n'en eût l'esprit de domination, et qu'il ne fût plus ennemi du roi que de la royauté. Publius Valérius fut mis en sa place ; et Tarquin n'espérant plus rien du parti qu'il avait dans Rome, entreprit d'y rentrer à force ouverte. Les Romains s'y opposèrent toujours avec une constance invincible ; on en vint aux armes, et dans la première bataille qui fut donnée auprès de la ville contre les Tarquins, Brutus et Aronce, fils aîné de Tarquin, s'entre-tuèrent à coups de lance. » (*Vertot, Révol. Romaines.*)

Ainsi périt ce sévère romain, vers l'an 509

avant notre ère. Après avoir sacrifié à sa patrie ce qu'un homme peut avoir de plus cher, il ne pouvait que mourir pour elle.

PUBLIUS VALÉRIUS PUBLICOLA,

CONSUL ROMAIN,

Vers l'an 508 avant notre ère.

Publius Valérius, après la mort de son collègue Brutus, prit seul le commandement de l'armée, et fit triompher les Romains ; aussi le fit-on rentrer dans la ville au milieu des acclamations, et monté sur un char traîné par quatre chevaux : ce fut le premier triomphe qui eut lieu à Rome. Ce consul, après avoir par la victoire assuré la liberté, songea à honorer les obsèques de celui qui l'avait fondée, fit faire des funérailles magnifiques à Brutus, et s'acquit une nouvelle faveur populaire par ce soin religieux.

Ce consul s'était déjà fait aimer du peuple lors de la fondation de la liberté ; il avait

été le plus zélé coopérateur de Brutus; c'était lui qui, instruit par un esclave de la conspiration formée par les Aquiliens et les fils de Brutus, avait traîné sur la place publique les chefs de cette conspiration. Ce zèle ardent lui avait valu sa nomination au consulat.

Cependant les Romains le regardèrent pendant quelque temps d'un œil moins favorable : ils formèrent des craintes pour cette liberté qu'ils venaient de conquérir, en voyant que le consul ne paraissait point songer à partager avec un collègue la puissance souveraine : ils lui firent même une espèce de crime d'avoir et d'habiter la plus belle maison de Rome : c'était à leurs yeux une magnificence royale qui, réunie à l'autorité qu'il gardait seul, annonçait l'intention de remplacer Tarquin. Instruit par ses amis de ces bruits populaires, Valérius montra quel était le fond de sa pensée, en faisant abattre sa maison en une nuit; ce même peuple vit alors avec peine la perte de cet édifice, l'un des plus beaux ornemens de la ville; mais il rendit à Valérius toute sa confiance et sa faveur. Le consul se vit obligé de loger chez ses amis, jusqu'à ce qu'on lui eût donné un nouvel emplacement, où il fit bâtir une maison d'une extrême simplicité.

Quant à ce qu'il ne se donnait point de collègue, ce n'était pas en lui desir de commander seul, mais crainte que, par envie ou quelqu'autre motif, ce collègue ne s'opposât aux établissemens utiles qu'il méditait; il se hâta donc, tandis qu'il n'avait personne qui pût le contrarier, d'assurer l'exécution de ses desseins. Il changea d'abord par une seule loi, faite en faveur du peuple, toute la forme du gouvernement; et au lieu que sous les rois, les *plébiscites* ou ordonnances du peuple n'avaient force de loi qu'autant qu'elles étaient autorisées par un sénatus-consulte, Publius fit une loi toute contraire, qui permettait de porter devant les assemblées du peuple l'appel du jugement des consuls. Par cette nouvelle loi, il étendit les droits du peuple; et la puissance consulaire se trouva affaiblie dès son origine. La seconde loi qu'il publia fut pour condamner à mort celui qui aurait osé exercer un office que le peuple

ne

ne lui aurait pas confié ; la troisième exempta les plus pauvres citoyens de payer aucune contribution ; la quatrième prouva sans réplique que ce grand homme ne voulait que cimenter le naissant édifice de la liberté : elle permettait de tuer, sans aucune formalité précédente, celui qui aspirerait à usurper la domination. Il était porté par cette loi que l'assassin serait déclaré absous de ce meurtre, pourvu qu'il apportât des preuves des mauvais desseins de celui qu'il aurait tué. Une telle loi pouvait avoir des conséquences funestes ; mais elle était aussi utile que politique, en ce qu'elle retenait par la crainte les magistrats ambitieux qui auraient été tentés d'accroître leur autorité, et servait, en quelque sorte, de garantie à chaque citoyen qui avait en sa puissance le droit de sauver la liberté, si elle courait quelque danger. Voulant éloigner de lui les soupçons de toute espèce, Valérius ne se chargea point du dépôt de l'argent public qu'il levait pour fournir aux frais de la guerre ; on le porta dans le temple de Saturne, et le peuple, par son conseil, élut deux sénateurs qu'on appela depuis questeurs, qui furent chargés des deniers publics. Non content d'avoir établi des lois en faveur du peuple, il voulut même que les marques extérieures de l'autorité consulaire indiquassent que c'était du peuple même qu'elle tirait sa force et son origine : il fit donc séparer les haches des faisceaux que les licteurs portaient devant les consuls, comme pour faire entendre que ces magistrats n'avaient point le droit de glaive, symbole de la souveraine puissance ; et dans une assemblée du peuple, il fit baisser les faisceaux des licteurs comme un hommage tacite qu'il rendait à la souveraineté. Enfin, après avoir établi ce qu'il jugeait de plus utile, il demanda un collègue, et fit déclarer consul avec lui Lucrétius, père de Lucrèce ; il lui céda même, parce qu'il était plus âgé, l'honneur de faire porter devant lui les faisceaux de verges, et toutes les marques de la souveraine puissance.

Le peuple fut si charmé des lois qu'il avait faites en sa faveur, et de la modération qu'il avait montrée, qu'il lui donna le nom de *Publicola*, ou ami du peuple ; et ce fut moins, dit Vertot, pour mériter un aussi beau titre, que pour attacher plus étroitement le peuple à la défense de la liberté publique, qu'il relâcha de son autorité par ces différens réglemens.

Ce grand homme fut quatre fois consul, et chacune de ses actions fut un bienfait pour Rome. Il en vint à un accommodement avantageux avec Porsenna, l'un des plus puissans rois de l'Italie, qui avait pris la défense de Tarquin; et, par la franchise de sa conduite, il acquit à Rome, dans ce roi, un de ses meilleurs amis. Pendant son quatrième consulat, il remporta une grande victoire sur les Sabins, jouit encore une fois des honneurs du triomphe; et, après avoir remis le gouvernement entre les mains de ceux qui avaient été nommés consuls, il mourut, *ayant*, dit Plutarque, *usé ses jours en tout ce que les hommes estiment vertueux et honorable, autant qu'homme vivant saurait faire. Et le peuple, comme si durant sa vie il ne lui eût fait honneur quelconque, et qu'il lui fût encore redevable de tous les grands et bons ser-*

vices qu'il avait faits en sa vie à la chose publique, ordonna qu'il serait enterré aux dépens du public : si que pour faire ses funérailles, chaque citoyen contribua une petite pièce de monnaie ; et les femmes, aussi pour l'honorer à part, arrêtèrent entre elles qu'elles porteraient un an tout entier le deuil de sa mort, qui fut un deuil fort honorable et fort glorieux à sa mémoire.

Ce fut le premier patricien qui donna au peuple une plus noble idée de lui-même, et qui peut-être par cette impulsion le sauva de la servitude du sénat et des nobles, qui s'opposèrent par la suite avec tant d'opiniâtreté aux prétentions même les plus justes des plébéiens.

CAÏUS MARCIUS CORIOLAN,

Vers 493 ans avant notre ère.

Caïus Marcius, d'une famille patricienne, qui descendait de Numa, perdit son père de bonne heure et n'en fut pas élevé avec moins de soin par Véturie, sa mère. Son inclination pour les armes se développa avec ses forces, et à peine put-il les manier qu'il les porta pour le service de la république. Dans la guerre contre Porsenna, il obtint la couronne de chêne, pour avoir sauvé la vie à un Romain, sous les yeux de son général, et avoir tué l'ennemi qui allait ravir la vie à ce Romain. Comme la nature lui avait donné une taille avantageuse et une force qui égalait l'opiniâtreté de son caractère, il ne se trouva depuis dans aucune affaire qu'il ne s'y distinguât ; mais ce fut devant Corioles, ville des Volsques, qu'il acquit le plus de gloire : les Romains avaient été forcés de ployer devant leurs ennemis et eussent perdu l'honneur et l'avantage de cette journée, si Marcius, suivi d'un petit nombre de gens qu'il trouva autour de lui, n'eût, par une attaque hardie, étonné une partie des ennemis, qu'il poursuivit jusques dans Corioles où il entra avec eux, et dont il se rendit maître. Cette action changea la chance du combat; les Romains reprirent courage, et défirent les Volsques. Le consul, pour honorer et récompenser le courage du jeune héros, après lui avoir donné les éloges qu'il méritait en présence de toute l'armée, lui offrit de choisir, avant tout partage, parmi les chevaux, les prisonniers et le reste du butin, dix choses de chaque espèce; il lui fit, en outre, présent d'un superbe cheval avec tout son harnais. L'armée entière applaudit avec transport à tout ce que le consul venait de dire. Marcius, satisfait des éloges qu'il avait reçus, accepta le cheval, et refusa le reste. La seule grace que j'ai à demander, ajouta-t-il, c'est qu'on m'accorde un Volsque de mes amis qui est tombé entre nos mains.

Tant de modération, jointe à un si grand courage, lui gagna tous les cœurs; et depuis lors il parut dans Rome comme l'un des citoyens les plus considérés. Le consul reprit après lui : Romains, puisque Marcius refuse nos offres, donnons-lui au moins une marque de notre estime qui convienne au grand service qu'il nous a rendu ; qu'il reçoive le nom de *Coriolan*, si déjà son courage ne lui a valu ce titre honorable. Cette récompense flatta beaucoup plus le guerrier, qui mettait la gloire au-dessus de tous les biens.

Malheureusement de si beaux commencemens n'eurent point de suite. Marcius était un excellent soldat, un homme désintéressé, mais c'était en même temps un esprit fier, gonflé des attributs de sa classe, violent, injuste dans son ressentiment, et vindicatif. Il n'aimait sa patrie que par l'espoir d'y commander ; quand son espoir fut trompé, il faillit à faire périr cette patrie même. Il détestait les plébéiens, sur-tout depuis que leur misère avait porté le sénat à les tenir quittes de leurs dettes, et que, pour ne point les laisser à la merci des riches avares et des patriciens orgueilleux, on leur avait accordé des *tribuns* qui, dans l'origine, ne devaient que porter leurs plaintes et prendre leur défense. Chaque fois que l'occasion s'en présentait, il déclamait contre cette institution, et ne négligeait rien pour étouffer toutes les plaintes du peuple, justes ou non. Une telle conduite lui attira naturellement la haine de ce même peuple et les reproches des plus sages sénateurs; mais les applaudissemens que lui donnèrent les jeunes patriciens, et ceux que l'abolition des dettes avait blessés, le maintinrent dans sa manière de penser et d'agir. Croyant avoir assez fait pour mériter d'occuper les premiers emplois, il demanda le consulat: le sénat le voyait avec plaisir; mais les plébéiens, qui ne le connaissaient que comme un homme orgueilleux et disposé à leur arracher les nouveaux priviléges qu'ils avaient eu tant de peine à obtenir, lui refusèrent leurs suffrages; et sa fierté eut à dévorer l'affront le plus sensible pour elle. Ce fut alors que son caractère se montra dans toute sa dureté.

La famine régnait dans Rome : le peuple se plaignait beaucoup, sans se souvenir que lui-même était cause de cette calamité ; car l'année précédente il ne s'était occupé que de ses querelles avec le sénat, et n'avait point cultivé les terres. Quoiqu'on pût lui remettre sa faute sous les yeux, il n'en fallait pas moins venir à son secours, et c'est ce que fit le sénat ; il fit acheter des bleds en différentes parties de l'Italie ; et Gélon, tyran de Syracuse, pour se faire bien venir de Rome, en envoya en pur don une grande quantité. Les moins riches, et c'était le plus grand nombre, s'attendirent qu'on allait leur donner à bas prix le bled acheté, et distribuer gratuitement celui qu'avait envoyé Gélon : c'était l'intention du sénat ; mais Coriolan, qui avait plus à cœur son ambition offensée que la misère du peuple, s'y opposa de toutes ses forces ; il soutint que cette condescendance du sénat pour les besoins du peuple ne servirait qu'à nourrir son insolence ; qu'on ne le retiendrait jamais que par la misère, et que le temps était enfin venu de venger la majesté du sénat violée par des séditieux, dont les chefs, par un nouveau crime, avaient extorqué des dignités comme la récompense de leur rebellion.

Ce discours, dicté par la vengeance, et si imprudent dans la situation où se trouvaient les esprits, fut la cause ou plutôt le prétexte des troubles qui suivirent, et de la perte de Coriolan. Les tribuns, qui se trouvaient dans le sénat, en sortirent aussitôt, en criant que l'on voulait faire périr de faim une partie du peuple, et lui ôter le seul établissement qui pût le garantir de la tyrannie des patriciens. Le peuple, qui accourut de tous côtés à leurs cris, s'enflamma facilement, et dit qu'il fallait arracher du sénat Coriolan, pour l'immoler à sa fureur. Mais les tribuns qui le voulaient perdre plus sûrement, sous prétexte d'observer les formes de la justice, l'envoyèrent sommer de venir rendre compte de sa conduite devant l'assemblée du peuple. Ce fier Romain reçut l'appariteur avec mépris, et le renvoya de même. Les tribuns alors, suivis des plébéiens les plus échauffés, tentèrent de l'arrêter à la sortie du sénat; Coriolan, qui se trouvait entouré de ses partisans, repousse à coups de poing les premiers qui tentent de mettre la main sur lui, et se retire dans sa maison. Le lendemain, le peuple se rassembla pour décider du sort de cet opiniâtre patricien: il s'y trouva lui-même, et fit voir encore plus d'orgueil et de dureté que de coutume. Les tribuns, qui, de leur côté, se montrèrent moins justes que celui qu'ils accusaient, profitèrent de cette nouvelle imprudence pour le condamner à mort. Mais ce jugement, qui allait contre toutes les lois et les coutumes de l'Etat, et qui ne prouvait rien que la méchanceté des tribuns, souleva le peuple lui-même, et porta tous les patriciens à se rendre défenseurs de Coriolan. Les tribuns sentant alors qu'ils avaient été trop loin, revinrent sur leurs pas, et se contentèrent d'assigner Coriolan à comparaître devant le peuple dans vingt-sept jours, pour se défendre s'il lui était possible.

Cette dernière assemblée fut aussi orageuse que l'autre; et après bien des débats, Coriolan fut condamné à l'exil. Ce nouveau jugement consterna tous les patriciens, remplit de joie le peuple, et parut à peine affecter Marcius. Mais cette tranquillité n'était que la concentration des passions les plus violentes; il quitta à l'instant Rome, fut dans ses maisons de campagne, où il médita la vengeance qu'il voulait faire tomber sur sa patrie elle-même.

De tous les peuples jaloux et ennemis des Romains, les Volsques étaient les plus puissans et les plus disposés à prendre les armes : ce fut sur eux que Coriolan tourna ses vues ; il se déguisa, se couvrit la figure, et s'en fut à Antium chez un des plus illustres citoyens, nommé *Tullus*. Il pénétra chez lui à l'entrée de la nuit, et fut, sans dire un seul mot, s'asseoir auprès du foyer domestique, lieu sacré dans toutes les maisons de l'ancien paganisme. Une conduite si extraordinaire, et certain air d'autorité qui n'abandonne jamais les grands hommes, surprirent les domestiques; ils coururent en avertir leur maître. Tullus vint, et lui demanda qui il était et ce qu'il exigeait de lui. Coriolan se découvrant alors, se nomma. *Je suis*, ajouta-t-il, banni de Rome par la haîne du peuple et la faiblesse des grands : *je dois me venger, il ne tiendra qu'à toi d'employer mon épée contre mes ennemis et ceux de ton pays. Si ta République ne veut pas se servir de moi, je t'abandonne ma vie ; fais périr un ancien ennemi qui pourrait peut-être un jour causer de nouvelles pertes à ta patrie.*

Tullus le reçut avec la plus grande joie : *Ne crains rien, Marcius,* dit-il en lui tendant la main ; *ta confiance est le gage de ta sûreté.* Ce Tullus avait une telle prépondérance dans sa république, qu'il n'eut pas plutôt expliqué quel était l'avantage qu'on pouvait tirer de Coriolan, que la guerre fut déclarée aux Romains, et que la conduite en fut remise à ce traître même ; car c'est le nom qui convient à tout homme qui veut se venger de sa patrie, quelque injustice qu'il en ait éprouvée.

Les troupes furent levées avec tant de célérité, et Coriolan, animé par la vengeance, marcha si rapidement, qu'il eut ravagé une partie des campagnes de Rome, pris quelques-unes de ses villes coloniales, plusieurs de celles des alliés, et placé son camp devant Rome même, avant que les Romains, entièrement occupés de leurs divisions, se fussent seulement mis en état de défense. Sa présence inattendue porta la plus grande terreur dans la ville; on crut que tout était perdu. Le peuple le premier demanda que son jugement fût cassé, et qu'il lui fût permis de reprendre sa place parmi les patriciens; mais le sénat, qui ne voyait plus dans Coriolan qu'un coupable, s'opposa à cette mesure. Cependant comme le danger pressait, et qu'il fallait bien prendre une résolution quelconque, on envoya vers lui des commissaires pour lui demander d'épargner sa patrie; ces députés étaient du nombre de ceux qui l'avaient toujours favorisé; il ne les en reçut pas avec moins de hauteur, et les renvoya en leur disant qu'il ne quitterait les armes que lorsque les Romains auraient rendu tout ce qu'ils avaient pris sur les Volsques; néanmoins, à leur considération, il s'éloigna de la ville avec son armée pendant trente jours, et fut porter ses armes contre leurs alliés. Ces trente jours expirés, et les Romains n'ayant rien fait de ce qu'il exigeait, il revint mettre le siège devant la ville. De nouveaux députés lui furent adressés inutilement ; enfin on lui envoya avec aussi peu de fruit les prêtres, les sacrificateurs, les augures revêtus de leurs habits ; il les reçut avec beaucoup de respect et resta inflexible.

On ne savait plus à quel parti se résigner; il fallait en passer par les conditions du vainqueur, ou prendre les armes, et voir sans doute la ville tomber au pouvoir des ennemis. Dans cette dernière extrémité une dame romaine, Valéria, sœur de l'illustre Valérius-Publicola, sortit du Capitole avec un certain nombre de Romaines à qui elle avait confié un dessein qu'elle venait de former, et fut à la maison de Coriolan où elle trouva Véturie, la mère de Marcius, et Volumnie, son épouse, livrées à la douleur. Elle leur dit que les dieux venaient sans doute de l'inspirer en lui donnant l'idée d'engager ces deux illustres dames à aller se jeter, avec toutes les autres Romaines des premières maisons, aux pieds du vainqueur, pour implorer sa clémence et tenter un dernier effort. Véturie et Volumnie, qui connaissaient le caractère inflexible de Coriolan, formèrent peu d'espérance; cependant elles acquiescèrent à la prière de Valéria, se mirent à la tête de cette troupe respectable, et furent sans escorte au camp ennemi, où Marcius ne fut pas peu surpris de les voir arriver. Il prit d'abord la résolution de ne rien céder; mais, malgré sa dureté, les prières de sa mère, qui se jeta même à ses genoux, celles de son épouse, leurs pleurs, ce spectacle extraordinaire de toutes les femmes les plus vertueuses de la patrie humiliées devant lui, tout émut son cœur; et, comme par un mouvement involontaire, il s'écria : *O ma mère ! vous avez vaincu, mais votre fils est perdu !*

Effectivement, à son retour à Antium avec l'armée, on l'accusa d'avoir trahi les Volsques en faveur des Romains. Tullus, qui d'abord l'avait si bien reçu, jaloux du crédit qu'il avait acquis parmi les soldats, saisit cette occasion pour le perdre. Coriolan, pour se disculper, demanda à rendre raison de sa conduite devant le conseil général de la nation ; mais Tullus, qui ne redoutait pas moins son éloquence que sa valeur, excita un tumulte à la faveur duquel ses partisans se jetèrent sur Marcius et le poignardèrent. Ainsi périt ce Romain, victime d'un caractère violent et de la fureur que lui avait inspirée son ambition trompée. La nature lui avait donné tout ce qui fait les grands hommes ; il manqua de justice et de modération, et ne fut qu'un être dangereux, dont le malheur ne doit pas être plaint, et dont la mort, quoique portée par une main coupable, vengea le mal qu'avait produit sa vie.

MILTIADE,

GÉNÉRAL ATHÉNIEN.

Vers l'an 490 avant notre ère.

JE rapporterai ici l'élégant précis de la vie de Miltiade par Cornélius-Népos, parce qu'il est semé de judicieuses réflexions, et qu'il est impossible de dire plus et mieux, en aussi peu de mots. »

« Miltiade, fils de Cimon, effaçait tous ses concitoyens par l'antiquité de son origine, par la gloire de ses ancêtres et par sa modestie, et il était dans un âge où l'on pouvait non-seulement en concevoir de hautes espérances, mais compter qu'il serait un jour aussi grand qu'on le reconnut depuis, lorsque les Athéniens formèrent le dessein d'envoyer une colonie dans la Chersonèse. Comme le nombre de ceux qui devaient la composer était fort considérable, et que bien d'autres demandaient à se joindre à ces colons, on en envoya quelques-uns à Delphes, pour consulter Apollon sur le choix d'un général : car il fallait combattre les Thraces, qui alors étaient maîtres de cette contrée. La Pythie ordonna expressément aux députés de mettre Miltiade à leur tête, leur prédisant que ce choix assurerait le succès de l'entreprise. »

« Sur cette réponse de l'oracle, Miltiade s'embarqua pour la Chersonèse avec une troupe d'élite. Arrivé sur la côte de Lemnos, il voulut soumettre cette île à la puissance des Athéniens : il fit sommer les habitans de se rendre ; mais ils lui répondirent, par dérision, qu'ils le feraient lorsqu'il serait venu de son pays à Lemnos avec l'Aquilon. C'est que ce vent-là, qui se lève du septentrion, est contraire aux vaisseaux qui font route d'Athènes à cette île. Miltiade, n'ayant pas le loisir de s'arrêter, continua sa route et aborda dans la Chersonèse. »

« Après avoir défait en peu de temps les forces des Barbares, et s'être emparé de tout le pays où il était entré, il fit bâtir des forts sur les lieux avantageux. Il distribua dans les campagnes la multitude qu'il avait amenée, et l'enrichit par de fréquentes excursions. Le succès de son expédition fut l'ouvrage de sa prudence autant que de sa fortune. Vainqueur des ennemis par la valeur de ses soldats, il affermit leur nouvel établissement par les plus justes lois, et résolut de se fixer avec eux dans ce pays. Il jouissait parmi les colons de l'autorité royale, sans avoir le titre de roi, et il devait cette élévation, non à la violence et à la force, mais à l'équité de son gouvernement. Attaché d'ailleurs aux intérêts des Athéniens et leur rendant des services, il fut toujours maintenu dans le souverain pouvoir, autant par ceux qui l'avaient envoyé que par ceux qui l'avaient suivi. »

« Ayant ainsi réglé l'état des choses dans la Chersonèse, il retourna à Lemnos, et exigea des habitans qu'ils lui livrassent leur ville selon leur promesse, puisqu'ils s'étaient obligés de se rendre à lui quand le vent du nord l'aurait porté de son pays dans le leur, et qu'il habitait la Chersonèse. Les Cariens, qui alors occupaient Lemnos, ne s'attendaient pas à cet événement : ils n'osèrent se défendre, et sortirent de l'île ; non qu'ils se crussent engagés par leur parole, mais parce qu'ils y étaient forcés par l'heureux succès des ennemis. Miltiade soumit avec le même bonheur les îles qu'on nomme Cyclades. »

En ce même temps *Darius*, roi des Perses, ayant conduit une armée d'Asie en Europe, dans la résolution d'attaquer les Scythes, fit jeter un pont sur l'Ister (le Danube), pour le passage de ses troupes. Il laissa, pour garder ce pont en son absence, les grands qu'il avait amenés de l'Ionie et de l'Éolide. Il avait donné à perpétuité à chacun d'eux le gouvernement des villes de ces deux provinces, persuadé qu'il retiendrait plus aisément sous son obéissance les Grecs qui habitaient l'Asie, s'il confiait la défense de ces places à ses favoris, dont la ruine suivrait nécessairement la sienne. Miltiade était du nombre de ceux à qui la garde du pont était commise. De fréquens courriers annonçant que Darius échouait dans son expédition, et qu'il était pressé par les Scythes, il exhorta ses collègues à ne pas négliger l'occasion que la fortune leur offrait de délivrer la Grèce. Il leur représenta que, si Darius persistait avec les troupes qu'il avait transportées au-delà du fleuve, non-seulement les Grecs européens n'auraient plus rien à craindre, mais que les asiatiques seraient affranchis de la domination des Perses et des dangers auxquels elle les exposait; qu'il leur était aisé de perdre ce prince et son armée; qu'il ne fallait pour cela que rompre le pont; qu'alors Darius périrait en peu de jours, ou par le fer des ennemis, ou par la famine. »

« Plusieurs approuvèrent l'avis de Miltiade ; mais *Histiée* de Milet s'opposa à l'exécution de ce projet. Il dit qu'étant revêtus des premières dignités de l'empire, leurs intérêts personnels étaient bien différens de ceux du peuple ; que leur puissance était fondée sur la domination de Darius ; que la chute de ce prince entraînerait la leur, et les livrerait au ressentiment et à la vengeance de leurs concitoyens ; qu'ainsi, loin de goûter le sentiment proposé, il pensait que rien ne leur était plus avantageux que l'affermissement de l'empire des Perses. Le plus grand nombre ayant embrassé le sentiment d'Histiée, Miltiade ne doutant point que le sien étant connu de tant de personnes ne vînt aux oreilles du roi, quitta la Chersonèse et revint à Athènes. Son conseil, au reste, quoique non suivi, n'en mérite pas moins les plus grand éloges, puisqu'il se montra plus jaloux de la liberté commune que de sa propre grandeur. »

« Quand Darius eut repassé d'Europe

en Asie, ses courtisans l'exhortèrent à soumettre la Grèce à sa domination. Il fit en conséquence équiper une flotte de cinq cents vaisseaux, dont il donna le commandement à *Datis* et à *Artapherne*, avec deux cent mille hommes de pied et dix mille chevaux. Il faisait, disait-il, la guerre aux Athéniens, parce qu'ils avaient aidé les Ioniens à forcer la ville de Sardes et à égorger la garnison des Perses. Les deux commandans de l'armée royale ayant abordé à la côte de l'île d'Eubée, emportèrent d'emblée Erétrie, et en envoyèrent prisonniers tous les habitans à Darius en Asie. Ayant marché de là vers l'Attique, ils allèrent camper dans la plaine de Marathon, environ à dix milles d'Athènes (1)».

« Les Athéniens, alarmés d'un péril si prochain et si grand, n'eurent recours qu'aux Spartiates. Ils leur dépêchèrent un courrier, pour leur apprendre combien ils avaient besoin de secours. Cependant on créa dans Athènes dix généraux pour

---

(1) Le mille faisait le tiers d'une de nos lieues communes.

commander l'armée, du nombre desquels fut Miltiade; ils agitèrent vivement entre eux s'ils se défendraient à l'abri de leurs murailles, ou s'ils iraient au-devant des ennemis et leur livreraient bataille. Miltiade était le seul qui soutînt fortement qu'il fallait mettre au plutôt l'armée en campagne. Il assurait que ce parti inspirerait du courage aux Athéniens, et ralentirait l'ardeur et l'impétuosité des Perses, les uns voyant qu'on avait confiance en leur valeur, et les autres qu'on osait les combattre avec des troupes si peu nombreuses. »

« Les Platéens furent le seul peuple de la Grèce qui secourut alors les Athéniens; ils leur envoyèrent mille soldats, qui, joints aux forces de ceux-ci, formèrent un corps de dix mille hommes. Cette petite armée avait une ardeur étonnante, et brûlait de combattre ; et c'est ce qui fit prévaloir le sentiment de Miltiade sur celui de ses collègues. Les Athéniens, entraînés par la force de ses raisons, firent sortir leurs troupes de la ville. Elles campèrent dans un poste avantageux, et combattirent

le

le lendemain avec la plus grande vigueur. Miltiade se servit, dans cette occasion, d'un merveilleux stratagême. Il rangea l'armée en bataille au pied d'une montagne, en face des ennemis, et les flancs couverts par des arbres plantés çà et là, soit pour être à l'abri des hauteurs, soit pour embarrasser la cavalerie des Perses et n'être pas enveloppé par leur multitude. »

« Datis voyait bien le désavantage de sa position; mais comptant sur le grand nombre de ses troupes, il desirait d'en venir aux mains. Il croyait d'ailleurs avoir intérêt de prévenir l'arrivée du secours de Lacédémone. Il fit donc avancer cent mille hommes de pied et dix mille chevaux, et engagea le combat; mais les Athéniens déployèrent une valeur si supérieure que, quoique les Perses fussent dix fois plus nombreux, ils les mirent en déroute, et jetèrent une si grande terreur parmi eux, que ceux-ci s'enfuirent, non pas vers leur camp, mais vers leurs vaisseaux. Il n'y a jamais eu de bataille plus fameuse : jamais un si petit nombre de troupes ne défit une si grande armée.

« Il ne me semble pas hors de propos de rapporter ici comment Miltiade fut récompensé de cette victoire. Cet exemple montrera plus sensiblement que le génie républicain est par-tout le même. Anciennement les récompenses honoraires accordées par nos Romains, étaient rares et de peu de valeur, et par cela même glorieuses ; aujourd'hui prodiguées et excessives, elles sont devenues méprisables. Il en fut de même autrefois chez les Athéniens : comme on peignait la bataille de Marathon sous un portique appelé le *Pécile*, le seul honneur qu'ils firent à ce Miltiade, qui avait été le libérateur d'Athènes et de toute la Grèce, fut de le représenter dans ce tableau à la tête de tous ses collègues, dans l'attitude d'un général qui harangue ses soldats et les mène au combat. Mais quand ce même peuple eut agrandi son empire, et qu'il eut été corrompu par les largesses de ses magistrats, il décerna trois cents statues à Démétrius de Phalère.

« Après la journée de Marathon, les Athéniens donnèrent une flotte de soixante-dix voiles pour aller tirer vengeance des îles qui avaient fourni du secours aux Perses. Il en fit rentrer plusieurs dans leur devoir, et réduisit les autres par la force. N'ayant pu gagner par ses raisons l'île de Paros, fière de ses richesses et de sa puissance, il débarqua ses troupes, bloqua la ville, lui coupa les vivres et toute espèce de secours, et ayant ensuite dressé ses machines de guerre, il poussa les approches et la serra de plus près. Il était sur le point de se rendre maître de la place, lorsqu'un bois sacré, situé au loin sur les terres, mais en vue de l'île, parut une nuit tout en feu, par je ne sais quel accident. Dès que les assiégés et les assiégans eurent aperçu la flamme, ils crurent les uns et les autres que c'était un signal de l'armée navale de Darius ; en sorte que ceux de Paros ne pensèrent plus à se rendre, et que Miltiade, craignant l'arrivée de la flotte royale, brûla tous ses travaux, et reprit la route d'Athènes sans perte d'un seul vaisseau ; mais il trouva ses concitoyens très-aigris contre lui.

« On l'accusa du crime de trahison ; on prétendit que, pouvant emporter Paros, il avait été corrompu par le roi, et s'était retiré sans avoir rien fait. Miltiade était alors malade des blessures qu'il avait reçues au siége de cette ville. Etant donc hors d'état de plaider lui-même sa cause, son frère *Tisagoras* parla pour lui. Son affaire ayant été instruite, il fut déchargé de la peine de mort, condamné à une amende de cinquante talens (1), somme égale aux frais de l'armement. Comme il ne put les payer, il fut jeté dans une prison, où il termina sa vie.

« Ce fut une autre raison que sa conduite au siége de Paros, qui causa sa perte. La tyrannie que *Pisistrate* avait usurpée, quelques années auparavant, faisait redouter aux Athéniens tous les citoyens puissans. Il ne leur semblait pas possible

---

(1) Il y avait plusieurs espèces de *talens*; le plus connu est le *talent attique*, qui se divisait en deux, le grand et le petit. Le premier était de 80 *mines* (la *mine* peut équivaloir à 50 liv.), et le second de 60, qui reviennent de notre monnaie, pour le grand, à 3259 liv. et à 2444 pour le petit.

que Miltiade pût se résoudre à vivre en simple particulier, après s'être vu si long-temps à la tête des armées de la république. L'habitude du commandement devait, selon eux, exciter son ambition. En effet, tant qu'il avait resté dans la Chersonèse, il y avait exercé la souveraine puissance; il y avait été appelé *tyran*, mais tyran juste, et ce nom chez lui n'annonçait rien d'odieux : il devait son pouvoir à la volonté des colons et non à la violence, et il ne le conserva que par la bonté de son cœur. Ceux-là seuls sont proprement réputés et nommés tyrans, qui oppriment un état libre, et y exercent une domination despotique et perpétuelle; mais Miltiade était d'un caractère très-doux, et d'une telle affabilité, qu'il se rendait accessible aux personnes de la plus basse condition. Il avait d'ailleurs un grand crédit dans toutes les républiques de la Grèce, un nom illustre et la plus brillante réputation dans l'art de la guerre. Le peuple Athénien considérant les diverses qualités de ce grand homme, aima mieux le punir, quoiqu'innocent, que d'avoir plus long-temps un sujet de crainte devant les yeux. (*Traduction de l'abbé Paul.*).

ARISTIDES,

LE PLUS JUSTE DES GRECS.

Vers l'an 464 avant notre ère.

Aristides eut le surnom le plus glorieux qu'un homme puisse recevoir, celui de *Juste*, et toute sa vie fut employée à le mériter. Elevé près de *Thémistocles*, qui était de son âge, il se sentit dès l'enfance porté contre cet Athénien, qui eut plus de grandes qualités que de vertus. Ces deux hommes illustres offrirent dans le cours de leur vie le contraste le plus frappant dans leurs caractères et leur conduite. Thémistocles mit toutes sortes d'intrigues en jeu pour parvenir aux premiers emplois ; Aristides s'y trouva porté pour avoir seulement été homme de bien. Ce dernier, véritable ami de sa patrie, ne cessa jamais de s'opposer à son rival, moins par jalousie, que parce qu'il voyait en lui une ambition capable de tout sacrifier pour se satisfaire : il fut même jusqu'à faire quelquefois rejeter de bons avis donnés par Thémistocles, dans la crainte que, devenu plus puissant par le bien même quil aurait fait, cet Athénien ne trouvât dans la suite moins d'obstacles au mal qu'il aurait intérêt de faire. De son côté, Thémistocles ne laissait jamais perdre l'occasion de se venger ; aussi Aristides faisait-il volontiers proposer par une autre personne tout ce qu'il jugeait convenable au bien public, cherchant plus à être utile qu'à acquérir la réputation de l'être. Mais s'il y avait dans Aristides une vertu qui relevât ses autres bonnes qualités, c'était une simplicité de mœurs qui ne se démentait ni dans la bonne ni dans la mauvaise fortune ; on chercha à l'humilier, sans qu'il s'en montrât plus abaissé ; on l'éleva au faîte des honneurs, sans pouvoir lui donner d'orgueil ; et les services qu'il rendit à la chose publique n'eurent jamais pour but ni la richesse ni la gloire : il fut vertueux, parce qu'il sut que c'était le devoir de l'homme. Aussi tous ses concitoyens en étaient tellement persuadés, qu'un jour, au théâtre, lorsque l'acteur récitait un vers d'Eschyle, dont le sens était : *Il ne cherche point à paraître juste, mais à l'être en effet,* ses concitoyens, dis-je, par un mouvement simultané, tournèrent leurs regards vers Aristides, comme celui qui seul dans Athènes méritait un si bel éloge. On avait si bonne opinion de sa justice, qu'une autre fois, s'étant vu forcé de conduire un homme devant les juges, ceux-ci voulurent condamner le coupable sans seulement écouter ses moyens de défense ; ce qu'Aristides ne souffrit jamais, s'empressant d'implorer le bénéfice de la loi en faveur de celui qu'il accusait. Juge lui-même dans une autre affaire, un des plaideurs, pour se le rendre favorable, rapportait tout le mal que sa partie adverse avait fait à Aristides : *Mon ami,* dit celui-ci en l'interrompant, *c'est ton affaire que je vais juger, et non la mienne.*

Élu trésorier de la république, il eut

occasion de connaître toute la perversité humaine ; car ayant rempli ses devoirs, et prouvé que ses prédécesseurs avaient puisé dans le trésor public, il trouva dans les coupables des ennemis assez hardis pour l'accuser lui-même de malversation, et assez puissans pour le faire condamner à une grosse amende. Les gens de bien, dans cette occasion, eurent le courage de prendre le parti de l'innocent, et de le faire triompher. Aristides fut continué dans sa charge. Cette fois-ci il ferma les yeux sur nombre de dilapidations, et se montra beaucoup plus commode qu'on ne l'avait espéré. Ceux qui profitèrent mieux de son apparente négligence, furent aussi ceux qui le louèrent le plus, et qui demandèrent plus vivement qu'on le choisît une nouvelle fois ; mais Aristides indigné s'opposa à cette bonne volonté : *Athéniens*, dit-il, *quand j'ai été fidèle à mon devoir, vous m'avez condamné ; et maintenant que je suis coupable pour avoir fermé les yeux sur les vols qui se sont faits, vous me donnez des louanges. Je le dis à regret : mais auprès de vous, laisser faire les méchans, est plus avan-*

tageux que de veiller au bien public avec trop de sévérité.

Il fut du nombre des capitaines que l'on envoya contre les Perses, et celui, comme nous l'avons déjà dit, qui le premier céda, pour l'avantage public, son droit de commander à Miltiade, qu'il en jugeait le plus digne. Ce fut aussi lui qui, pendant quelque temps, garda l'immense butin fait sur l'ennemi; et jamais dépôt ne fut plus respecté : c'était un de ces hommes dont la nature est beaucoup trop avare, et qui, malheureusement, vivent moins pour l'exemple des autres, que pour mieux faire ressortir la honte de leur conduite.

Il y a communément dans le cœur humain une bassesse qui lui fait porter envie même aux vertus, qui cependant peuvent appartenir à tous les hommes : ce nom de *Juste*, qu'Aristides avait acquis, blessait ceux qui marchaient avec lui dans la carrière des emplois, et effarouchait le peuple, qui craignait toujours de voir à la fin un tyran dans l'homme qu'il avait d'abord favorisé. Les Athéniens, fâchés qu'un de leurs citoyens surpassât les autres en réputation, s'assemblèrent et condamnèrent Aristides à *l'ostracisme*, c'est-à-dire à un exil de dix ans : ce fut environ vers 483 avant notre ère. Pour procéder à cette sorte de jugement, chaque citoyen apportait une coquille, sur laquelle il écrivait le nom de celui qu'il desirait que l'on bannît, et la jetait ensuite dans un endroit destiné à cet effet. On relevait à la fin les noms écrits sur ces coquilles, et le citoyen dont le nom était répété le plus souvent devait quitter Athènes. Cet exil, d'ailleurs, n'avait rien que d'honorable ; on l'avait imaginé seulement pour préserver la liberté publique, en arrêtant le cours du crédit de quelques personnages. On raconte que lorsque chacun donnait son vœu par cette forme, un habitant de la campagne s'adressant à Aristides lui-même, qu'il ne connaissait pas, le pria de vouloir bien écrire pour lui le nom de cet Aristides. *Et que vous a-t-il fait ?* demanda ce dernier. *Rien*, répondit le paysan, *mais je m'ennuie de l'entendre appeler Juste*. Aristides, sans répliquer, prit la coquille et écrivit son nom. Lorsque le jugement qui le condamnait à l'exil lui eut été notifié, il sortit, sans humeur, d'Athènes, et supplia les dieux quelle ne fût jamais assez malheureuse pour avoir besoin de son secours.

Son absence ne dura que trois ans : les Perses étant revenus avec des forces plus formidables que jamais, la Grèce entière se vit forcée d'armer de tous côtés, et les exilés furent rappelés. Aristides fut un des capitaines des Athéniens, et marcha sous les ordres de Thémistocles. En cette occasion, il montra que dans l'homme de bien l'amour de la patrie l'emporte sur toutes les autres passions : personne ne donna de plus sages conseils à Thémistocles, et ce fut de son ennemi particulier même que ce général reçut l'avis qui le fit triompher. Devenu à son tour capitaine-général des Athéniens, Aristides montra la même sagesse, et par-tout il fut un des plus vaillans guerriers. Enfin, après la célèbre défaite des Perses, les Athéniens étant devenus, encore par la sage modération d'Aristides, le premier peuple de la Grèce, titre qui auparavant était déféré aux Lacédémoniens, il fut question entre les différentes républiques de contribuer pour l'entretien des armées destinées à la sûreté de la Grèce; d'une commune voix on nomma Aristides pour taxer chaque ville et prélever les taxes: personne ne douta qu'entre ses mains tout serait fait avec la plus grande justice, et personne ne fut trompé dans son attente: pas une ville ne se plaignit. Cet emploi donnait à Aristides une sorte de supériorité sur tous les Grecs, et lui faisait passer des sommes considérables entre les mains; mais rien n'altéra son caractère, et quand il quitta le maniement des finances, il se trouva plus pauvre qu'auparavant. Thémistocles, qui ne pouvait souffrir les éloges mérités qu'on lui donnait, avait la bassesse de dire par une sorte de plaisanterie, que ces éloges convenaient autant à un coffre-fort, puisqu'on y pouvait aussi placer l'argent en sûreté. La conduite d'Aristides fut bien plus noble; car lorsque l'on accusa Thémistocles de s'être uni avec le roi de Perse, et qu'il fut chassé de la Grèce, ce vertueux citoyen, ne dit pas un seul mot de son ennemi, ne se réjouit point de son malheur, et ne voulut point se souvenir que Thémistocles avait puissamment contribué à son exil.

Enfin, après avoir vécu longuement pour l'honneur et le bonheur de ses semblables, cet homme juste mourut comblé de gloire, mais si pauvre que l'on fut obligé de le faire inhumer aux frais publics. Athènes, si souvent ingrate envers les grands hommes qui la servirent et l'illustrèrent, fut reconnaissante cette fois-ci ; elle dota les deux filles d'Aristides, les maria, et assura une existence honorable à son fils.

THÉMISTOCLES,
CÉLÈBRE CAPITAINE ATHÉNIEN.

Né l'an 527 avant notre ère.

THÉMISTOCLES montra dès son enfance ce que seraient son caractère et son génie. Fils de Néocle, simple citoyen d'Athènes, il n'eut point la grandeur de sa maison à faire parler en sa faveur : il fut contraint de trouver toutes ses ressources en lui-même, et il n'en valut peut-être que mieux. Il montra assez peu de disposition pour les sciences qui ne tendaient point à satisfaire son ambition naissante ; mais il n'était point content qu'il n'eût approfondi tout ce qui avait rapport à ses inclinations. Quoique remuant, ardent, il se livrait peu aux jeux de son âge ; il aimait mieux passer ses heures de récréation à composer des harangues contre ou pour ses compagnons d'étude. Son maître, qui voyait avec étonnement ses bonnes et ses mauvaises qualités, lui prédit qu'un jour il serait un grand homme ou un très-mauvais sujet. Il alliait effectivement les extrêmes. On prétend que sa jeunesse fut si déréglée, que son père le déshérita, et que sa mère en mourut de chagrin ; mais Plutarque pense que c'est un conte fait à plaisir et pour déshonorer sa mémoire ; il convient seulement qu'il eut beaucoup de vices, et qu'il se donna peu de peine pour les réprimer; son ambition le contint peut-être dans des bornes que, sans ce frein, il eût passées. Il se donna tout entier aux affaires publiques, et y montra une si grande capacité, et sut en même temps employer tant de moyens, qu'il fut bientôt porté à côté des premiers hommes de l'état. Il combattit sous Miltiade, à la journée de Marathon, et s'y fit remarquer honorablement; mais la gloire que Miltiade avait acquise était une sorte de tourment pour lui, et il ne le cachait pas. Prévoyant sans doute que les Athéniens auraient un grand besoin de vaisseaux, il tourna leur esprit vers la navigation, et les décida à employer le revenu de quelques mines d'or et d'argent, qui, auparavant, était distribué au peuple, à construire une flotte, sous prétexte de faire la guerre aux Éginètes. Cette flotte fut d'une grande utilité dans la guerre contre Xercès. Nous avons dit à l'article d'Aristides, qu'il fut élu général des Athéniens dans cette guerre. Comme la Grèce entière était alors dans un très-grand danger, il mit tout en œuvre pour établir une parfaite union entre les républiques que leurs intérêts avaient divisées, et il eut le bonheur de réussir. Chaque gouvernement fournit son contingent. On arrêta que les Lacédémoniens iraient défendre le passage des Thermopyles, où ils firent des prodiges de valeur, et que les Athéniens conduiraient la flotte au détroit d'Artémise au-dessus de l'Eubée ; mais ensuite il s'éleva une contestation entre les Lacédémoniens et les Athéniens pour le commandement général de l'armée navale ; les alliés voulaient que ce fût un Lacédemonien ; Thémistocles, qui avait droit de prétendre à cet honneur, persuada aux Athéniens de laisser là ces disputes, qui, dans les circonstances, ne pouvaient que nuire à la cause commune des Grecs : il donna le premier l'exemple en remettant toute l'autorité à Eurybiade, général spartiate. Cette condescendance cependant ne lui faisait point céder à Eurybiade lui-même, lorsqu'il croyait son avis utile. Ce Lacédémonien lui ayant défendu de parler, fut jusqu'à lever sur lui son bâton pour le faire taire ; sans se déconcerter, Thémistocles dit :

Frappe, mais écoute; et continua son discours. Ce trait seul montre jusqu'à quel point allait la ténacité de son caractère. Il fut extrêmement utile dans cette guerre contre Xercès, et s'y conduisit avec un zèle qui couvre une partie des fautes de sa moralité. Aristides, par un avis qu'il lui porta à travers les ennemis même, lui donna l'occasion de triompher devant Salamine. Thémistocles ensuite, par une ruse, donna l'épouvante à Xercès, et délivra la Grèce de tout danger sur mer. Ces événemens, dont Thémistocles eut seul l'honneur, eurent lieu vers l'an 480 avant notre ère.

Plus en crédit que jamais, il porta sa république à faire construire une marine puissante et le port du Pirée. Il avait vu le juste Aristides condamné par la loi de l'ostracisme ; il avait contribué plus que personne à cette condamnation ; le même malheur lui arriva, et il n'eut point la conscience tranquille d'Aristides pour se consoler. Banni de son pays, qu'il avait sauvé et rendu si puissant, il erra d'abord de retraite en retraite, et se fixa ensuite auprès du roi de Perse, qui le combla de biens et voulut lui confier le commandement de ses armées. Thémistocles, en cette occasion, montra qu'il était véritablement un grand homme : il ne voulut ni outrager son ingrate patrie, ni déplaire à son bienfaiteur ; il prit du poison, et mourut digne de l'admiration des gens vertueux. S'il eût cédé aux offres séduisantes qui lui étaient faites, ce n'aurait plus été qu'un ambitieux vulgaire, dont la mémoire n'aurait subsisté que pour prolonger le mépris qu'on en aurait fait.

Son desir ardent de parvenir aux emplois lui fit avoir recours même aux plus petits moyens. Plutarque rapporte que dans sa jeunesse, et lorsqu'il était encore peu connu, il pria instamment un excellent joueur de cithare, qui faisait alors du bruit dans Athènes, de venir loger dans sa maison, afin que le grand nombre de personnes qui avaient envie de l'entendre fussent contraintes de demander le logement de Thémistocles, et de venir chez lui. Il faisait de grandes dépenses, et ne mettait pas toute la délicatesse possible dans les moyens d'y subvenir. Il était cependant assez juste dans ce qui concernait les affaires publiques, et savait même refuser à ses amis ce qu'il ne devait point leur accorder. On rapporte à ce sujet, que le poète Simonide lui ayant fait une demande injuste, il lui répondit : *Cher Simonide, vous ne seriez pas un bon poète, si vous faisiez des vers qui péchassent contre les règles poétiques ; et moi, je ne serais pas bon magistrat, si je faisais quelque action contraire aux lois.*

LÉONIDAS,

VAILLANT SPARTIATE.

Vers l'an 483 avant notre ère.

LÉONIDAS est un exemple frappant de ce que peut l'amour de la patrie. Commandé avec trois cents Spartiates seulement, mais tous soldats braves comme lui, pour défendre le passage des Thermopyles contre l'armée de Xercès, forte de trois cent mille hommes, il partit avec joie, quoique certain de n'en pas revenir : il lui suffisait de savoir qu'il allait mourir pour Sparte et pour la Grèce entière. En embrassant son épouse, il lui dit, *qu'il ne souhaitait d'elle que de savoir qu'elle se remarierait à quelque brave homme qui lui donnerait des enfans dignes de son premier époux.*

Xercès remarquant sa contenance ferme, et qui annonçait un homme prêt à combattre jusqu'au dernier soupir, lui fit offrir de le faire roi de la Grèce, s'il voulait livrer le passage : *J'aime mieux mourir pour ma patrie que d'y régner injustement,* répondit cet homme vertueux. Le roi de Perse, croyant que le nombre effrayant de ses troupes suffisait pour l'intimider, lui fit encore dire de rendre ses armes : *Qu'il les vienne chercher,* dit Léonidas. Quelqu'un lui observant que l'armée ennemie était si nombreuse, que le soleil serait obscurci de la grêle de leurs traits : *Tant mieux,* répondit-il, *nous combattrons à l'ombre.*

Sa conduite et celle des braves qu'il commandait répondirent à ces paroles ; ils arrêtèrent l'ennemi au passage, et s'ils furent vaincus, c'est qu'il était impossible qu'ils ne succombassent point sous une multitude innombrable ; mais la victoire de l'ennemi ne fut qu'une honte, et la mort des trois cents Spartiates, qui périrent tous, hors un seul, fut la source d'une gloire immortelle.

CIMON,

GÉNÉRAL ATHÉNIEN,

Mort l'an 449 avant notre ère.

Fils de Miltiades, Cimon suivit le grand exemple que lui avait laissé son père ; mais ce ne fut que dans l'âge mûr qu'il parut digne d'être né d'un si grand homme : sa jeunesse fut livrée à la débauche, et ne fit point espérer ce qu'il devint par la suite ; son esprit même alors paraissait se ressentir

de sa conduite déréglée; et dans le fait, il est difficile que l'ame s'élève dans celui qui se rabaisse par ses mœurs; mais comme la nature avait jeté en lui un germe excellent, dès qu'il s'occupa de choses honnêtes, il devint un autre homme, et finit par se trouver au nombre des premiers personnages de son temps.

Les malheurs qui terminèrent la vie de son père rejaillirent sur lui; Miltiade étant mort sans avoir pu payer l'amende à laquelle il avait été condamné, Cimon fut emprisonné comme lui, sans pouvoir être élargi, suivant les lois d'Athènes, qu'il n'eût fait le payement de cette somme. Il avait épousé sa sœur nommée *Elpinice*; en quoi, dit Cornélius-Népos, il avait autant suivi la coutume de son pays, laquelle autorisait un pareil mariage, que sa propre inclination. Un certain *Callias*, qui s'était enrichi dans l'exploitation des mines, fit proposer à Cimon d'acquitter ses dettes, s'il voulait lui céder Elpinice pour épouse. Cimon rejeta cette offre avec mépris; mais Elpinice, ne pouvant souffrir que la race de Miltiade pérît dans les fers, et ne voyant point d'autre moyen de sauver son frère, promit de s'unir à Callias dès qu'il aurait rempli son engagement. Ce fut ainsi que Cimon fut remis en liberté.

Il commença par se distinguer dans les armées ; et lorsqu'il vint ensuite à s'entremettre du gouvernement, il fut d'autant mieux accueilli que la grande réputation de son père parlait en sa faveur, et que le peuple commençait, dit Plutarque, à s'ennuyer de Thémistocles. Il fut donc élu amiral des Athéniens, après la retraite des Mèdes, et resta sous les ordres de *Pausanias*, général spartiate, jusqu'à ce que par sa douceur et son adresse il eût fait tomber la principauté de la Grèce entre les mains des Athéniens. Généralissime dans la suite, il mit d'abord en fuite, près du fleuve Strymon, un corps nombreux de Thraces. Il rebâtit la ville d'Amphipolis, où *Butès*, lieutenant du roi de Perse, qu'il y avait tenu assiégé, s'était vu contraint de se brûler avec ses parens et ses amis, pour ne pas tomber au pouvoir des Grecs. Quand la ville fut relevée, Cimon y envoya dix mille Athéniens pour la repeupler

repeupler. Il défit encore, près de Mycale, la flotte des Cypriens et des Phéniciens, composée de deux cents voiles, et s'en empara. Le même jour il combattit sur terre avec le même succès. Dès qu'il se fut rendu maître des vaisseaux ennemis, il débarqua ses troupes, et renversa d'un seul choc la prodigieuse armée des Perses. Ces victoires valurent aux Grecs un traité de paix honorable et avantageux avec le roi de Perse, qui s'engagea à ne plus faire paraître un seul de ses bâtimens dans les mers de la Grèce. Le butin qui revint aux Athéniens fut si considérable, que l'argent qu'il produisit sufit seul pour faire rebâtir une partie de leur citadelle. En retournant à Athènes, Cimon visita sur sa route plusieurs îles dont quelques-unes avaient abandonné le parti des Athéniens, à cause de la dureté de leur gouvernement. Il affermit dans leurs dispositions celles qui étaient bien intentionnées, et fit rentrer dans le devoir celles qui s'étaient révoltées. Comme l'île de Scyros, habitée alors par les Dolopes, avait montré plus d'obstination et d'insolence que les autres, il la dépeupla entièrement, chassa de l'île et de la ville tous les anciens habitans, et en distribua les terres à une colonie athénienne. Il parut chez les Thasiens, qui se confiaient en leur puissance, et sa présence seule dompta leur orgueil. Cette conquête lui donnait la facilité de passer dans la Macédoine, et d'en occuper une partie ; mais n'ayant point profité de cet avantage, il fut accusé d'avoir reçu de l'argent d'Alexandre, roi de ce pays, et fut appelé en jugement. Il se sacrifia sans peine. *Je n'ai point*, dit-il, *contracté d'amitié avec les Locriens ou les Thessaliens, qui sont les peuples les plus riches de la Grèce ; mais j'ai reçu l'hospitalité à Sparte, où la tempérance et la simplicité sont en honneur : jugez-moi donc sur ma conduite*. Il fut absous aussitôt.

Il essaya ensuite de rétablir le gouvernement d'Athènes, qui, pendant son absence, était devenu entièrement démocratique ; mais il n'en put venir à bout, et ne fit que s'attirer la malveillance du peuple. Cette malveillance éclata bientôt à l'occasion de l'attachement qu'il témoignait aux

Lacédémoniens. On l'accusa de nouveau pour avoir secouru Sparte, lorsqu'elle était troublée par un tremblement de terre, et assaillie par les ilotes et ses voisins ; et sur le plus léger prétexte qui se présenta il fut banni pour dix ans par l'ostracisme. Dans le cours de son exil, la guerre s'alluma entre Sparte et Athènes ; s'étant montré, quoiqu'exilé, ardent pour l'avantage de son pays, il fut rappelé et placé à la tête des troupes. Sa prudence sut terminer cette guerre par un accord avantageux aux deux peuples ; il tourna ensuite les vues des Athéniens sur l'île de Chypre et l'Egypte, voulant les accoutumer à combattre les étrangers et à vivre en paix avec les Grecs. Il partit donc à la tête d'une flotte de deux cents voiles ; il avait déjà gagné une victoire sur les Perses, près des côtes de la Pamphylie, avait soumis une partie du pays, et était devant l'île de Chypre, lorsqu'il tomba malade et mourut. Sa prudence ne l'abandonna point dans ses derniers momens : quand il vit sa mort certaine, il commanda à ses lieutenans de la tenir secrète, et de mettre aussitôt à la voile pour retourner à Athènes ; ce qui fut exécuté avec tant d'adresse, qu'ils partirent en sûreté sans que les ennemis, ni même les alliés s'en fussent apperçus. La mort de ce grand homme fut apprise avec douleur à Athènes ; il avait rendu de grands services aux Grecs, et mourait au champ même de la gloire. « Ce fut, dit Plutarque, le dernier capitaine grec qui ait fait quelque chose digne de mémoire contre les *Barbares* (1).... Tant qu'il gouverna, ajoute-t-il, l'on ne vit onc commissaire, ni sergent royal qui apportast aucunes lettres, patentes ou mandement du roi, ni hommes d'armes qui osast approcher de la mer plus près de vingt et quatre lieues. »

La générosité de son caractère répondit à ses talens militaires et politiques. Les dépouilles des ennemis l'avaient enrichi, et il usa de ses richesses pour se faire aimer et estimer. Ses terres, ses jardins étaient

---

(1) C'est par cette expression de *Barbares* que les Grecs désignaient les nations étrangères ; les Romains s'en servirent ensuite dans ce même cas.

ouverts à tous ceux qui se présentaient ; il n'y avait établi personne pour la garde de ses fruits, voulant que tout le monde eût le libre usage de son bien. Les domestiques qui le suivaient avaient toujours de l'argent sur eux, afin que si quelqu'un avait besoin de ses libéralités, il pût l'assister sur-le-champ, craignant, dit Cornélius-Népos, qu'un délai ne fût regardé comme un refus. Quand il rencontrait des gens pauvres et mal vêtus, il lui arrivait souvent de leur donner son manteau. Il avait toujours une table assez abondante pour inviter tous ceux qu'il trouvait sur la place publique, qui n'étaient point priés ailleurs ; et ce fut sa coutume journalière. Il ne refusa jamais à aucun citoyen de l'aider de son crédit, de ses services et de sa fortune ; il en enrichit même plusieurs. Il porta le soin jusqu'à faire inhumer à ses dépens beaucoup de pauvres qui n'avaient point laissé de quoi subvenir aux frais de leur sépulture. Les envieux ne manquèrent pas de dire que cette libéralité n'était que pour gagner la faveur populaire ; mais Plutarque observe que sa conduite seule prouve que c'était pure calomnie ; car il fut toujours opposé à ce que le peuple gouvernât lui-même, et tint avec Aristide pour l'ancienne forme du gouvernement.

ESCHYLE,

CÉLÈBRE POËTE TRAGIQUE GREC,

Mort l'an 477 avant notre ère.

Eschyle vivait du temps des héros dont nous venons de parler ; il combattit avec eux aux journées de Marathon, de Salamine et de Platée, et y mérita le titre de brave guerrier et de zélé citoyen ; mais ses talens poétiques lui valurent celui de grand homme. Il fut le père du théâtre tragique des Grecs, et fit à Athènes ce que Corneille a fait chez nous, quoique ce dernier soit cependant bien au-dessus de lui, sous tous les rapports.

Thespis, regardé comme l'inventeur de la tragédie, n'avait imaginé que d'introduire un acteur qui récitait quelques discours entre deux chœurs. Il barbouillait de lie le visage de ses personnages, et les promenait de village en village, montés sur un tombereau où ils représentaient leurs pièces. Eschyle, cent ans après, perfectionna cette idée grossière : il composa la tragédie d'une action noble et terrible ; il donna à ses acteurs un masque, un costume décent, et une chaussure appelée *cothurne*, qui relevait leur taille ; il fit construire un théâtre de bois, au lieu du tombereau de Thespis, et sut émouvoir le cœur de ses spectateurs. Ses tragédies respirent cette espèce de férocité d'un homme qui passa une partie de sa vie dans l'exercice des armes. On rapporte que la représentation de ses Euménides était si terrible, que l'effroi qu'elle causa fit mourir des enfans et blesser des femmes enceintes. Son génie élevé, hardi, dégénère souvent en enflure et en rudesse ; ses vers sont volontiers durs ; et ses tableaux, quoique dessinés à grands traits, sont souvent mal ordonnés. Il composa quatre-vingt-dix-sept tragédies, dont sept seulement nous restent. Ce grand poète créa son art, et eût peut-être mieux valu s'il fût venu en second, car la nature lui avait donné le génie ; il ne lui manqua que de bons modèles pour former son goût.

Eschyle eut de commun avec presque tous les grands hommes d'être persécuté ; on le cita en jugement, parce que, dans une de ses tragédies, il avait lancé quelques traits contre les mystères de Cérès. On allait le condamner comme impie envers les dieux, lorsqu'*Aminias*, son frère, qui avait pris sa défense, retroussa sa manche pour découvrir un bras mutilé au service de la république. Il rappela en même temps les actions de bravoure d'Eschyle : la mémoire des journées où les deux frères s'étaient distingués, et la tendresse qu'ils se témoignaient, touchèrent les juges au point qu'ils n'osèrent prononcer un jugement.

Ce poète fut le premier tragique, jusqu'au moment où Sophocle parut et lui disputa le prix qu'il remporta. Le vieillard n'eut pas assez de courage pour supporter, non la honte, mais le désagrément d'être vaincu par un jeune homme ; il se retira auprès d'Hiéron, roi de Syracuse, alors le plus ardent protecteur de ceux qui cultivaient les arts et les lettres.

Comme il semble qu'une fatalité singulière veut que quelque conte ridicule s'attache toujours à la mémoire des grands hommes, on a prétendu qu'Eschyle mourut de la chute d'une tortue qu'un aigle laissa tomber du haut des airs sur la tête chauve du poète, que cet oiseau, a-t-on soin d'ajouter, prit pour un rocher. Ce conte prouve seulement que l'on ignore quel fut le genre de mort de ce célèbre poète. Ses tragédies ont été traduites par *Lefranc de Pompignan et par M. Du Theil.*

SOPHOCLE,

CÉLÈBRE POÈTE TRAGIQUE GREC,

Né l'an 495 avant notre ère.

SOPHOCLE fut, comme Eschyle, guerrier et magistrat ; il fut élevé à la dignité d'archonte, et commanda les armées de la république avec *Périclès* ; il se distingua par son courage, chaque fois que l'occasion s'en présenta.

Nous avons vu que dès sa jeunesse il l'emporta sur Eschyle ; il sut en effet rendre le plan de ses tragédies plus raisonnable que n'avait fait l'autre poète ; il y mit un intérêt plus puissant, peignit d'un pinceau plus sûr les passions humaines, et écrivit, sur-tout, d'un style si doux et si harmonieux, qu'il fut nommé l'*Abeille* et la *Sirène attique*. Il partagea les suffrages des Athéniens avec *Euripide*, et contribua beaucoup à augmenter la gloire du théâtre grec. Jaloux de son heureux rival, il n'en fit que de plus grands efforts pour ne point lui être inférieur. Cette jalousie ne fut qu'une noble émulation qui, sans doute, leur valut quelques chefs-d'œuvre de plus ; elle se termina par une réconciliation franche, et une amitié digne de ces deux grands hommes.

Sophocle eut le rare bonheur d'être apprécié par ses contemporains, mais ses enfans troublèrent la fin de sa longue carrière. Ennuyés de le voir vivre, et impatiens de ne pas jouir de ses biens, ces monstres l'accusèrent d'être tombé en enfance. Ils le déférèrent aux magistrats. Sophocle ne s'amusa pas à détruire une accusation aussi atroce; il se contenta de montrer aux juges son *OEdipe* qu'il venait d'achever, et fut absous à l'instant. Il mourut à 85 ans, et l'on attribue sa mort à la joie qu'il eut d'avoir encore remporté le prix dans cet âge avancé: il fut en cela plus heureux qu'Eschyle. On prétend qu'il avait composé cent vingt tragédies; nous n'en possédons que sept, qui font regretter les autres. Sophocle était un véritable homme de génie, et son expression énergique répond presque toujours à la force de son idée: c'est à lui seul que notre grand Corneille peut être comparé. *Boivin*, le père *Brumoi* et *Dupuy*, ont traduit les ouvrages qui nous restent de ce poète.

EURIPIDE,

CÉLÈBRE POÈTE TRAGIQUE GREC,

Né l'an 480 avant notre ère.

Euripide servit de modèle à Racine, et c'est dire que son style doux, coulant, tendre et plein d'harmonie allait toujours au cœur. Le poète français a encore enchéri sur ces excellentes qualités du poète grec, et a mis dans ses ouvrages plus de charme et plus de goût.

Euripide naquit à Salamine, l'an 480 avant notre ère. Il eut le bonheur d'avoir pour maîtres les hommes de son temps les plus dignes d'instruire un élève que la nature avait si bien favorisé : *Prodicus* lui enseigna l'éloquence, *Anaxagore* la physique, et *Socrate* la morale. Son penchant l'entraînait à la poésie ; il y fut déterminé par les persécutions qu'il vit qu'Anaxagore s'était attirées pour ses opinions.

Le théâtre fut la lice où il se présenta. Encouragé par les louanges données à Eschyle et à Sophocle, il surpassa le premier; devint le rival du second, sans cependant lui ressembler, et mérita peut-être la première place. Il eut, comme notre Racine, beaucoup de peine à versifier; et c'est à sa lenteur, à ses revisions minutieuses, qu'il dut cette poésie si facile qui le distingue des autres tragiques grecs. On prétend que pour être moins distrait dans ses compositions, et donner à son ame plus d'énergie, il se renfermait dans une caverne, et n'en sortait que lorsque sa pièce était finie. La lenteur qu'il mettait dans son travail et le nombre de ses tragédies, qui est de soixante-quinze, supposeraient, en adoptant ce fait, qu'il passa la plus grande partie de sa vie dans cette caverne.

Outre le mérite de poète, il eut le talent d'un bon acteur, et joua ses ouvrages lui-même. La profession d'acteur, chez les Grecs, n'avait rien que d'honorable. On ne pensait pas que l'homme qui faisait valoir des chefs-d'œuvre, et qui souvent inspirait l'amour de la vertu, pût se trouver, par ce talent même, au-dessous des autres citoyens. Euripide fut admiré, applaudi et respecté. La nature l'avait favorisé en tout : sa taille était grande, ses traits étaient beaux, et sa physionomie sérieuse et prononcée annonçait son génie. Le seul défaut qu'on peut lui reprocher fut une sensibilité trop vive; et si elle contribua à son grand talent, elle troubla aussi la tranquillité de sa vie; il supporta d'abord la critique, mais elle l'affecta toujours trop. Une fois elle le porta à laisser échapper un trait de cet orgueil dont un homme qui sent ses forces n'est pas toujours maître de se défendre: les spectateurs paraissaient mécontens de quelques vers et voulaient qu'il les retranchât; Euripide s'avança sur le bord du théâtre : *Je ne compose point mes ouvrages*, dit-il, *afin d'apprendre de vous, mais pour vous instruire vous-mêmes.* Une autre fois on le blâma de ce qu'il avait appelé les richesses *le souverain bien et l'admiration des dieux et des hommes*; il fut obligé de prier le public d'attendre la fin de la pièce, où l'admirateur des richesses recevait le châtiment qu'il méritait. Ceci fait voir, en passant, que, quoique se conduisant assez mal en particulier, les hommes en masse n'approuvent volontiers que ce qui est honnête et vertueux. Dans une autre circonstance, *Alcestis* qui faisait des vers, comme tous les mauvais poètes, avec beaucoup de facilité, se vantait qu'il en avait fait cent dans trois jours, tandis qu'Euripide n'en avait fait que trois. *La différence qu'il y a encore entre nous,* répliqua ce dernier, *c'est que vos vers dureront trois jours, et que les miens iront jusqu'aux siècles les plus reculés.*

Les critiques s'accrurent avec ses succès, suivant la coutume de tous les temps et de tous les pays. Un homme qui se sent fait pour s'élever par quelques belles qualités au-dessus des autres, doit s'apprêter à souffrir et faire provision de courage. Euripide en manqua. Il ne put, sur-tout, se voir immolé à la risée du public, dans les comédies d'Aristophanes, qui ne respectait personne; il quitta Athènes et se retira à la cour d'*Archélaüs*, roi de Macédoine. Ce prince, ami des beaux arts, l'accueillit avec empressement, et le fit par la suite son premier ministre. Si Euripide excitait l'envie de ses critiques par ses ouvrages, il leur donnait aussi beaucoup de prise par sa conduite : il paraissait ne pas croire à la vertu des femmes, en médisait souvent, et ne manquait jamais de les maltraiter dans ses ouvrages, quand l'occasion pouvait s'en présenter. Il se maria deux fois, et deux fois répudia ses femmes : c'était plus qu'il n'en fallait pour faire rire à ses dépens, et en cela il paraissait le mériter. Peut-être cet homme trop sensible ne trouva-t-il que des cœurs infidèles, et se vengea par des traits satiriques du sexe qui faisait son malheur.

Ce poète vécut environ 73 ans. On prétend qu'il se promenait dans un bois, et qu'il rêvait profondément, lorsqu'il fut rencontré par les chiens d'Archélaüs qui le mirent en pièces. Ses tragédies ont été traduites dans notre langue par le père *Brumoi,* dans son théâtre des Grecs, et par *Prévost.*

ARISTOPHANES,

CÉLÈBRE POÈTE COMIQUE GREC,

Vers l'an 446 avant notre ère.

Ce poëte s'acquit dans son genre autant de réputation que les tragiques dont nous venons de parler ; mais il ne mérite à aucun égard de leur être comparé. Ses comédies, mises à côté de celles que nous avons maintenant, ne seraient que des farces grossières, que l'on jouerait à peine sur nos derniers tréteaux. Elles ont cependant un grand mérite, celui d'être écrites d'un style aussi pur qu'agréable, et souvent semé de fines plaisanteries.

Aristophanes avait beaucoup d'esprit, mais plus de méchanceté encore. Il semble n'avoir écrit que pour dénigrer ce qu'il y avait de plus respectable. Ce ne sont pas les mauvaises mœurs qu'il attaqua, mais les hommes les plus vertueux. Il tourna Euripide en ridicule, et fit une comédie exprès pour vomir les calomnies les plus atroces contre Socrate. Suivant lui, ce philosophe était un esprit bizarre qui désapprouvait tout ce que l'on recherchait de son temps ; un sophiste dangereux qui enseignait l'art de se passer de toute vertu, de se livrer à ses vices ; un homme de mœurs abominables, un impie qui se moquait des dieux, un orgueilleux qui se regardait comme le plus sage d'Athènes, un mauvais mari, enfin un *voleur de manteaux*. C'est ainsi qu'Aristophanes plaisantait. Ce misérable poète reçut cependant une couronne de l'olivier sacré : la canaille qu'il amusait, la lui décerna, pour avoir eu l'audace de lancer ses traits envenimés contre les chefs de la république. Sans doute les bons citoyens, qui ne voyaient pas sans plaisir ce faible frein de plus opposé aux hommes qui pouvaient devenir trop puissans, applaudirent eux-mêmes au poète impudent que certainement ils ne pouvaient estimer. Il est bon qu'un chien aboie pour intimider les brigands ; mais ce rôle, quelqu'utile qu'il soit, n'en sera jamais plus honorable.

Aristophanes fit cinquante-quatre comédies, dont onze seulement ont échappé à la voracité du temps. Plutarque, qui les loue beaucoup pour le talent qui y règne, leur préféra cependant celles de *Ménandre*, dont il ne nous reste plus rien. Platon, dont le goût et l'éloquence annoncent un si bon juge, lisait avec un très-grand plaisir Aristophanes ; mais c'était l'auteur qu'il cherchait en lui, il méprisait certainement l'homme qui avait calomnié Socrate.

SOCRATE,

CÉLÈBRE PHILOSOPHE GREC,

Né l'an 469 avant notre ère.

Socrate était fils d'un sculpteur et d'une sage-femme. Il s'occupa d'abord de la profession de son père, et fit plusieurs statues que l'on estima, entre autres les trois Graces. Criton, ravi de la beauté de son esprit, l'arracha de son atelier pour le consacrer à la philosophie.

Socrate porta les armes comme tous les autres Athéniens, et se trouva à plusieurs actions dans lesquelles il se distingua par son courage. Sa philosophie ne fut pas qu'en paroles, il recommanda sur-tout la modération, et fut certainement un des hommes les plus modérés. Il s'était accoutumé à une vie dure, laborieuse et frugale, afin de trouver plus facilement par-tout le bonheur. Voyant la pompe et l'appareil que le luxe étalait dans certaines cérémonies, et la quantité d'or et d'argent que l'on y portait : *Que de choses*, dit-il en se félicitant lui-même sur son état, *que de choses dont je n'ai pas besoin !* Quoique très-pauvre, il se piquait d'être propre sur lui et dans sa maison. Il dit un jour à *Antisthène*, qui affectait de se distinguer par des habits sales et déchirés : *Antisthène, je vois ta vanité par les trous de tes haillons.* Sa pauvreté ne lui faisait nulle peine, et il rejeta généreusement les présens d'*Archélaüs*, roi de Macédoine, et l'offre que lui faisait ce prince de le recevoir à sa cour, donnant pour raison qu'*il ne voulait pas aller trouver un homme* qui pouvait lui donner plus qu'il n'était en état de lui rendre. Sa modération dans les injures qu'on lui faisait, n'était pas moins grande que dans le desir de la fortune. Ses amis s'étonnaient un jour de ce qu'il avait souffert, sans rien dire, un coup de pied d'un insolent : *Quoi donc ! leur répondit-il, si un âne m'en donnait autant, le ferais-je citer en justice ?* Il dit d'un homme qui l'avait accablé d'invectives : *C'est que probablement il n'a pas appris à bien parler.* Un esclave ayant excité en lui quelqu'émotion : *Je te frapperais, dit-il, si je n'étais pas en colère.* Sa femme, qu'on nommait Xantippe, semblait faite exprès pour exercer l'homme le plus patient ; mais il s'était tellement accoutumé à ses criailleries perpétuelles, qu'elles ne paraissaient pas même le gêner : *Il me semble entendre le cri des oies ou le bruit d'une charrette*, disait-il. Cette femme, qui le tourmentait avec tant de constance, lui était cependant très-attachée ; elle demeura près de lui jusqu'au moment où, après avoir bu la ciguë, il rendit le dernier soupir. Quelques écrivains disent que ce philosophe prit cette femme difficile précisément pour s'accoutumer à la patience : ce serait lui supposer une bizarrerie d'esprit plus digne d'une sorte de fou que d'un sage ; il faut plutôt croire que Socrate, philosophe et honnête homme, sut souffrir les défauts de son épouse et ne s'en conduisit pas plus mal avec elle.

Quoique sévère dans sa morale, Socrate aimait le plaisir quand il ne blessait ni la raison, ni l'honnêteté ; il était même gai et très-aimable ; il ne faisait point de difficulté de se réjouir avec ses amis, en les invitant quelquefois à son frugal repas. On rapporte qu'un jour, ayant à souper avec lui quelques personnes riches, Xantippe rougissait de les recevoir si simplement : *Soyez sans inquiétude*, dit Socrate ; *si ce sont des gens de bien et sobres, ils seront contens ; mais s'ils sont déréglés et méchans, peu m'importe ce qu'ils pensent.*

Son esprit était fin et caustique ; les bons mots lui étaient familiers. Il dit d'un prince qui avait beaucoup dépensé à faire un superbe palais, et n'avait rien employé pour former ses mœurs, *qu'on courait de tous côtés pour voir la maison, mais que personne ne s'empressait pour en voir le maître.*

Il avait eu du penchant pour la débauche dans sa jeunesse, et il l'avouait franchement. Un physionomiste s'avisa de lui dire un jour que c'était un brutal, un impudique, un ivrogne : ses disciples voulaient le venger de cet impudent; le philosophe les arrêta en convenant qu'il disait vrai, et que s'il ne se fût corrigé, il aurait eu tous ces vices.

La philosophie de Socrate était toute morale ; il laissait aux autres le soin de rechercher les secrets de la nature et de lever le voile qui les couvre : il trouvait qu'il était bien plus important de se connaître soi-même, et de savoir bien se conduire. Il chercha dans le cœur humain le principe qui conduit au bonheur, et trouva que l'homme ne peut être heureux que par la justice, par la bienfaisance, par une vie pure. Il parlait avec tant de netteté, de naturel et de simplicité, qu'il faisait entendre à ses disciples tout ce qu'il voulait, et qu'il leur faisait trouver dans leur propre fonds la réponse à toutes les questions qu'il leur proposait : aussi avait-il coutume de dire de lui qu'il était *l'accoucheur des esprits*. Il était trop éclairé pour adopter les contes puérils qui formaient la religion de son pays, et trop ami de la vérité pour dissimuler sa façon de penser, qui était celle d'un sage. Il adoptait l'existence d'un Être suprême, et lui reconnaissait des attributs dignes d'un véritable dieu. C'est cette façon de penser qui, dans la suite, servit de prétexte à sa condamnation. Il ne fut pas plus réservé sur les affaires du gouvernement, et se fit de nouveaux ennemis par les opinions qu'il débita à ce sujet. Mais ceux qui eurent contre lui une haine plus violente, furent les *sophistes*, espèces de charlatans de philosophie, fort en vogue alors. Son grand plaisir était de les confondre et de montrer à nu leur ignorance et leur orgueil ; il employait pour cela une ironie qui lui était particulière.

« On a demandé, dit l'abbé *Fraguier*,

guier, ce que c'était que cette ironie que les anciens ont tant vantée dans Socrate. » Cet abbé, qui a fait une dissertation curieuse sur ce sujet, remonte jusqu'à la cause qui obligea Socrate de se servir souvent de cette figure. « Ce philosophe, dit-il, ayant résolu de donner une base certaine à la morale, commença par combattre les sophistes. Ces hommes hardis, présomptueux, avaient, par un brillant étalage de phrases, et par une fausse éloquence, séduit toute la Grèce. Comme ils étaient très-puissans à Athènes, Socrate était forcé de les ménager en apparence, et d'affecter une sorte d'ignorance pour mieux décréditer une morale et une éloquence éblouissantes, mais qui dans le fond n'avaient rien que de frivole. Voici à-peu-près quel était son procédé. Il savait dans quel lieu public, ou dans quelle maison particulière un ou plusieurs des plus fameux sophistes débitaient leur fausse doctrine : il y arrivait comme par hasard, et quelquefois il avait assez de peine à entrer ; il trouvait le docteur gonflé de cet orgueil que donne aux personnes vaines l'admiration des sots ; et s'approchant de lui modestement : Je m'estimerais bien heureux, lui disait-il, si mes facultés répondaient au besoin et à l'envie que j'ai d'avoir pour maîtres des hommes tels que vous ; mais, pauvre comme je suis, que me reste-t-il pour m'instruire, que de vous exposer mon ignorance et mes doutes, lorsque mon bonheur m'offre l'occasion de vous consulter ? Le sophiste l'écoutait avec une attention dédaigneuse, et lui permettait de parler. Socrate lui faisait des questions toutes simples ; il lui demandait par exemple : *Qu'est-ce que votre profession ? qu'appelez-vous rhétorique ? qu'est-ce que le beau ? en quoi consiste la vertu ?* Ce docteur ne pouvait reculer, sans risquer son revenu et sa réputation : il répondait, mais au lieu de donner une réponse précise, il se jetait dans des lieux communs ; et prenant l'espèce pour le genre, il parlait beaucoup pour ne rien dire qui fût à propos. Socrate applaudissait à ce verbiage, pour ne pas effaroucher d'abord son docteur ; et affectant de ne pouvoir le suivre dans ses longs discours, il le réduisait à répondre *oui* et *non*. Alors, par la justesse de sa dialectique, il le conduisait de l'un à l'autre, jusqu'aux conséquences les plus absurdes, et le forçait à se contredire lui-même, ou à se taire. »

Les erreurs et les préjugés que le philosophe voulait combattre et détruire, lui suscitèrent tant d'ennemis qu'il finit par succomber sous leurs efforts.

» Il se présenta un infâme délateur, nommé *Mélitus*, qui accusa d'athéisme l'homme qui, de son temps, avait la plus noble idée de l'Être suprême. *Lysias*, qui passait pour le plus habile orateur, lui apporta un discours travaillé, pathétique, touchant, et conforme à sa malheureuse situation, pour l'apprendre par cœur, s'il le jugeait à propos, et s'en servir auprès de ses juges. Socrate le lut avec plaisir, et le trouva fort bien fait. *Mais de même*, lui dit-il, *que si vous m'eussiez apporté des souliers à la sicyonienne* (c'était alors les plus à la mode), *je ne m'en servirais point, parce qu'ils ne peuvent convenir à un philosophe; ainsi votre plaidoyer me paraît éloquent et conforme aux règles de la rhétorique, mais peu convenable à la grandeur d'ame et à la fermeté dignes d'un sage.* Son apologie fut un discours simple, mais noble, où l'on voyait briller le caractère et le langage de l'innocence. D'abord il eut la pluralité des voix pour lui, et Mélitus, son accusateur, allait être condamné, selon l'usage, à une amende de mille drachmes ; mais *Anytus* et *Lycon* s'étant joints à lui, leur crédit entraîna un grand nombre de suffrages, et il y en eut 281 contre Socrate, et par conséquent 220 pour lui ; car les juges, sans compter le président, étaient au nombre de 500. Par une première sentence les juges déclaraient simplement que le philosophe était coupable, sans rien déclarer, sans rien statuer sur la peine qu'il devait souffrir. On lui en laissa le choix. Il répondit que, puisqu'on le laissait maître de son châtiment, il se condamnait, pour avoir toujours instruit les Athéniens, à être *nourri, le reste de ses jours, dans le Prytanée, aux frais de la république ;* honneur qui, chez les Grecs, passait pour le plus distingué.

Cette réponse révolta tellement tout l'aréopage, que l'on résolut sa perte, tout innocent qu'il était. »

« Quelqu'un étant venu lui annoncer qu'il était condamné à mort par ses juges, il répondit : *Et eux l'ont été par la nature*. On ordonna qu'il boirait du jus de ciguë. Dès que sa sentence fut prononcée, il marcha avec une fermeté admirable vers la prison. *Apollodore*, un de ses disciples, s'étant avancé pour lui témoigner sa douleur de le voir mourir innocent : *Voudriez-vous*, interrompit-il, *que je mourusse coupable ?* »

« Ses amis voulurent lui faciliter son évasion, et ils corrompirent le geolier à force d'argent ; mais Socrate ne consentit point à profiter de leurs bons offices. Il but la coupe de ciguë avec la même indifférence qu'il avait envisagé les différens événemens de sa vie ; ce fut l'an 400 avant notre ère. Il était alors âgé de 70 ans. Sa femme et ses amis recueillirent ses dernières paroles : elles furent toutes d'un sage ; elles roulèrent sur l'immortalité de l'ame, et prouvèrent la grandeur de la sienne. »Une chose, mes amis, leur dit-il en finissant, qu'il est très-juste de penser, c'est que si l'ame est immortelle, elle a besoin qu'on la cultive, non-seulement pour ce temps passager que nous appelons le temps de la vie, mais encore pour celui qui la suit, c'est-à-dire, pour l'éternité. La moindre négligence sur ce point peut avoir des suites infinies. Si la mort était la ruine et la dissolution de tout, ce serait un grand gain pour les méchans, après le trépas, d'être délivrés en même temps de leur corps, de leur ame et de leurs vices. Mais puisque l'ame est immortelle, elle n'a d'autres moyens de se délivrer de ses maux, et il n'y a de salut pour elle, que de devenir très-bonne et très-sage.... Au sortir de cette vie, s'ouvrent deux routes, ajouta-t-il; l'une mène à un lieu de supplices éternels les ames qui se sont souillées ici-bas par des plaisirs honteux et des actions criminelles; l'autre conduit à l'heureux séjour des dieux celles qui se sont conservées pures sur la terre, et qui dans des corps humains ont mené une vie divine. » *(Diction. historique.)*

L'homme qui, portant la mort dans son sein, raisonnait ainsi, n'était pas seulement au-dessus du vulgaire, c'était encore un sage que sa conscience laissait assez paisible pour ne point lui faire craindre une morale aussi vraie que sévère. Dès qu'il fut mort on convint généralement de ses vertus ; les Athéniens, qui avaient été assez lâches pour le laisser condamner, demandèrent alors compte aux accusateurs du sang innocent qu'ils avaient fait répandre. Mélitus fut condamné à mort, et les autres furent bannis. Leur enthousiasme alla ensuite plus loin qu'il ne fallait, et Socrate lui-même, qui en était l'objet, n'eût pas manqué de les en blâmer : ils lui firent élever une statue de bronze, et lui dédièrent une chapelle comme à un demi-dieu.

Socrate fut déclaré *le plus sage des hommes* par un oracle, et mérita effectivement ce titre : sa mort seule l'eût immortalisé. Il ne nous reste rien de lui, mais les élèves qu'il forma prouvent quel maître il était. Sa figure n'était point belle, et il convient lui-même que ses premiers penchans à la débauche contribuèrent à déformer ses traits ; mais quand il parlait de la morale de l'homme ou de la grandeur de Dieu, la noblesse de ses pensées, la chaleur de son enthousiasme donnaient une expression si admirable à sa physionomie, qu'il pouvait alors passer pour un des plus beaux hommes. Il avait coutume de dire à ses disciples : *Que celui d'entre vous qui, en consultant le miroir, se trouvera beau, prenne garde de corrompre les traits de sa beauté par la difformité de ses mœurs ; mais que celui qui se trouvera laid s'applique à effacer la laideur de son visage par l'éclat de sa vertu.*

T.I.P.177.

THUCYDIDE,

CÉLÈBRE HISTORIEN GREC,

Né 476 ans avant notre ère.

Thucydide, de la famille de Miltiade, se livra à l'exercice des armes, et s'y acquit de la gloire. Il avait quarante-sept ans lorsqu'on le chargea de conduire et d'établir une colonie athénienne à Thurium. La guerre du Péloponèse s'étant allumée peu de temps après dans la Grèce, y excita de grands mouvemens et de grands troubles. Thucydide, qui prévit quelle serait l'importance de cette guerre, forma le dessein d'en écrire l'histoire. L'un des premiers officiers, il écrivit ce qu'il fut à portée de voir lui-même jusqu'à la huitième année de cette guerre, où il fut condamné à l'exil, pour n'avoir pu secourir à temps une place forte vers laquelle on l'avait envoyé. Une faction profita de cette circonstance pour le faire exiler. Il continua dans la retraite, l'histoire qu'il avait commencée au milieu du bruit des armes. Il fut vrai, éloquent, et eut cette énergique précision qui dans la suite distingua Tacite. Il mourut à Athènes, où il avait été rappelé à l'âge de 64 ans.

HIPPOCRATE,

CÉLÈBRE MÉDECIN GREC,

Né l'an 460 avant notre ère.

Hippocrate est pour les médecins ce qu'Homère est pour les poètes. Il naquit dans l'île de Cos, l'une des Cyclades, vers l'an 460 avant notre ère. Ses pères avaient été médecins; il le fut comme eux, et les surpassa. Deux qualités principales en firent un si habile homme dans son art; l'observation scrupuleuse de la nature, et un ardent amour de l'humanité. Il délivra les Athéniens d'une peste terrible qui les affligea au commencement de la guerre du Péloponèse. Le droit de bourgeoisie, une couronne d'or et l'initiation aux grands mystères, furent les récompenses de ce bienfait inestimable. Son ame était aussi belle que sa science était grande. *Artaxercès Longuemain* lui ayant offert des sommes considérables et les honneurs qu'on décernait aux princes, s'il voulait se rendre à sa cour, Hippocrate répondit qu'*il devait tout à sa patrie, et rien aux étrangers*. Le roi, outré de ce refus, somma la ville de Cos de lui livrer le médecin. La réponse hardie des habitans lui fit connaître leur générosité et le cas qu'ils faisaient de leur compatriote. Le désintéressement seul d'Hippocrate lui méritait cet attachement de la part de ses concitoyens. Ce grand homme avait autant de candeur que de savoir : il avoua ses fautes, de peur que d'autres ne viennent à les commettre après lui. Ses ouvrages sont encore aujourd'hui les oracles de la médecine. Sans doute son talent lui fut utile à lui-même, car il prolongea sa vie au-delà d'un siècle, et mourut à 109 ans. Les Grecs, qui avaient ressenti ses bien faits, et qu'il avait préférés à toutes les autres nations, honorèrent sa mémoire comme celle d'un demi-dieu même. Il est du petit nombre des véritablement grands hommes, c'est-à-dire des bienfaiteurs de l'humanité, qui, pendant leur vie, ont été honorés autant qu'ils le méritaient.

~~~~~~~~~~~~~~~~~~~~~~~

PHIDIAS,

CÉLÈBRE SCULPTEUR GREC,

Né vers l'an 448 avant notre ère.

Tous les arts sont enfans du génie, ils ont donc tous droit à notre admiration. La poésie peut élever les ames des hommes; la peinture parvient au même but en retraçant les belles actions; la sculpture jouit d'un privilége semblable : tous les arts sont donc utiles; tous les hommes qui y excellent méritent nos hommages. Phidias, par le génie qui dirigea son ciseau, plaça son nom à côté de ceux des plus grands hommes de son temps ; aujourd'hui nous ne pouvons que répéter les louanges que lui ont données ses contemporains : le temps a détruit ses chefs-d'œuvre, mais il n'a rien encore diminué de la gloire qui accompagne son nom. Quel devait être le talent d'un homme qui passa pour le premier dans son art, au milieu du pays même qui a produit ce que la sculpture a jamais enfanté de plus beau ! et si l'artiste qui a fait l'*Apollon du Muséum* est inconnu, que devait donc être celui qui fut le prince des statuaires ?

Phidias naquit à Athènes, vers l'an 448 avant notre ère. Le premier ouvrage qui lui fit un grand nom, fut une Minerve, qui devait être placée sur une colonne. *Alcamène*, autre statuaire, en fit aussi une pour le même objet, et il donna à son travail un fini si précieux, qu'il enleva d'abord les suffrages. La statue de Phidias ne paraissait, au contraire, qu'ébauchée, et fut méprisée. Phidias laissa dire la multitude ; mais quand la Minerve de son rival fut élevée sur la colonne, le travail recherché disparut ; celle de Phidias alors produisit tout son effet, et frappa les spectateurs par un air de grandeur et de majesté qu'on ne pouvait se lasser d'admirer. Après la bataille de Marathon, il fut chargé de travailler sur un bloc de marbre que les Perses, dans l'espérance de la victoire, avaient apporté pour ériger un trophée; il en fit une Némésis, déesse qui avait pour fonction d'humilier les hommes superbes.

Phidias eut sa part des persécutions qui accompagnent la vie des hommes du premier mérite. Il avait fait, pour le *Panthéon* d'Athènes, une Minerve haute de vingt-six coudées, et composée d'or et d'ivoire : c'était un chef-d'œuvre : la ville lui avait donné quarante-quatre talens d'or pour être employés à cette statue; *Ménon*, élève de Phidias, poussé par une basse jalousie, osa accuser son maître d'avoir détourné à son profit une partie de cet or. Phidias, par le conseil de Périclès, qui connaissait la méchanceté humaine, avait appliqué l'or de façon qu'on pouvait aisément le détacher et le peser. L'or fut donc pesé; et, à la honte de l'accusateur, on y retrouva les quarante-quatre talens.

Il est souvent dangereux d'avoir raison, aux dépens même des malhonnêtes gens : Phidias, voyant ses ennemis plus acharnés que jamais, et les Athéniens, quoique convaincus de son innocence, aussi injustes qu'auparavant, se retira en Elide, où il fut accueilli avec la plus grande joie.

On pensait qu'il lui était impossible de faire rien de mieux que sa statue du Panthéon ; il détrompa ses envieux qui le défiaient, et les Athéniens qui se consolaient de sa perte, en croyant posséder son chef-d'œuvre ; il produisit son *Jupiter Olympien*, que l'on mit au nombre des sept merveilles du monde. Cette statue était d'or ou d'ivoire, et avait soixante pieds de haut. Cette hauteur, et la matière dont on dit qu'elle était composée, peuvent élever des doutes raisonnables, et il est certainement difficile de concevoir une statue haute de soixante pieds, composée d'or, et moins encore d'ivoire. Quoi qu'il en soit, l'antiquité, qui avait le droit de juger des chefs-d'œuvre, puisqu'elle en avait que nous ne pouvons même imiter, parle avec tant d'admiration de celui-ci, qu'il faut bien la croire, au moins en ce qui concerne la perfection de cet ouvrage. Ce qui paraît impossible sera mis sur le compte des gens qui parlent de tout sans se connaître à rien.

Phidias mourut en paix et comblé de gloire au milieu des Eléens, qui, aussi reconnaissans qu'admirateurs, créèrent en faveur des descendans de ce grand artiste, une charge dont toute la fonction était de nétoyer la magnifique statue de Jupiter.

PÉRICLÈS,

ILLUSTRE ATHÉNIEN,

Mort l'an 429 avant nòtre ère.

Péricles naquit à Athènes, d'une des premières familles, qui ne négligea rien pour le faire instruire. On distingue parmi ses maîtres *Zénon* d'Elée et *Anaxagore*. Ce dernier lui donna assez de connaissances dans la philosophie naturelle, pour le mettre au-dessus des préjugés superstitieux de son temps, et lui faire mépriser ces vaines craintes que donnait à ses contemporains la vue des choses qui ne leur paraissaient pas dans le cours ordinaire de la nature. Il eut pour maître de musique un certain *Damon*, qui se mêlait de politique, et qui, rapporte-t-on, lui en enseigna les principales finesses.

L'ambition le tourmenta de bonne heure, mais il craignit d'abord de s'y livrer, à cause des dangers qu'il y avait à courir dans la carrière politique. Ce ne fut qu'après la mort d'Aristides et de Thémistocles, et dans le temps que Cimon était retenu par la guerre loin de la Grèce, qu'il donna l'essor à cette passion. S'il n'eût suivi que son penchant, il se fût rangé du parti des nobles, mais la place était déjà occupée par Cimon; il prit donc les intérêts du peuple, et le flatta, suivant la coutume, afin de s'emparer de l'autorité qu'il pouvait donner. Pour faire prendre une meilleure idée de lui, en commençant à se mêler des affaires publiques, il changea sa conduite personnelle, ne rechercha plus les plaisirs, les festins, et parut n'être occupé que des grands intérêts de la patrie. Il parlait avec une facilité étonnante, et avait la prudence de ne s'avancer que dans les grandes occasions où il pouvait paraître avec avantage. Son éloquence lui valut le surnom d'*Olympien*, c'est-à-dire *céleste*, *divin*.

Cimon, qui était riche et généreux, faisait de grandes largesses au peuple ; Périclès ne put l'imiter en ce point, mais pour balancer sa faveur il imagina de faire distribuer aux pauvres citoyens les terres conquises ; il leur fit aussi donner de l'argent pour assister aux assemblées publiques ; il établit des colonies ; il donna des jeux magnifiques, et devint bientôt l'idole et le maître des Athéniens. Sans prendre aucun titre, sans changer les lois fondamentales, et en faisant croire au peuple qu'il était toujours parfaitement libre, il fut pendant quarante ans l'arbitre de la république. La marche qu'il suivit pour s'emparer de l'autorité fut très-préjudiciable aux Athéniens, en ce qu'elle corrompit leurs mœurs. Devenu le plus puissant, il entreprit, pour affermir son pouvoir, d'abaisser le tribunal de l'aréopage, dont il n'était pas membre. Le peuple, à qui il lâchait la bride à dessein, bouleversa l'ancien ordre du gouvernement, et ôta au sénat la connaissance de la plupart des causes.

Non content d'avoir réussi dans d'aussi grandes entreprises, il résolut de perdre tous ceux qui pouvaient lui porter ombrage, et parvint à faire bannir Cimon, le plus illustre des citoyens d'Athènes. Il supposa qu'il favorisait trop les Spartiates ; et par une véritable bassesse de sentimens, dans une guerre qui eut lieu entre ces peuples et les Athéniens, il l'empêcha de combattre avec ceux de sa tribu, pour se laver de la calomnie qu'on lui imputait. Périclès eut toute la gloire de cette journée ; mais il sentit bientôt que le peuple n'était point la dupe de son indigne jalousie. Les amis de Cimon, à qui on avait aussi reproché des sentimens trop favorables aux Lacédémoniens, se firent tous tuer en les combattant ; les Athéniens leur rendirent alors justice, et quand ils furent battus sur les confins de l'Attique, ils eurent lieu de regretter les talens militaires de Cimon. Périclès, feignant d'entrer dans leurs desirs, fit casser le décret d'exil, et rappela ce grand homme, qui parvint heureusement à rétablir la paix entre Sparte et Athènes. Ce général fut ensuite mis à la tête de la marine, et Périclès continua d'être seul maître dans la ville. Après la mort de Cimon, les nobles craignant qu'il ne s'emparât, en véritable tyran, de l'autorité publique, tentèrent d'opposer un contre-poids à sa puissance, dans la personne de *Thucydides*, beau-père de Cimon. C'était un homme éloquent, adroit, et qui lui tint tête en effet dans les commencemens ; mais plus il voulut faire accorder de priviléges à la noblesse, plus Périclès de son côté accorda de biens au peuple ; enfin celui-ci trouva bientôt le moyen de faire bannir son antagoniste.

Alors seul chef de la république, adoré du peuple et redouté des nobles, il prit une autre marche, et se montra différent de ce qu'il avait paru jusqu'à cette époque, en ne flattant plus la commune, et en opposant plus de fermeté aux desirs de la populace, s'ils ne pouvaient tourner à l'avantage public. Dans le fait, Périclès avait de grandes vertus, et toutes ses fautes ne venaient que de son ambition : il voulait régner, mais avec justice ; et s'il n'eût pas eu de concurrens à vaincre, il eût été presque irréprochable. Ceux mêmes qui lui reprochaient le plus vivement sa puissance, ne pouvaient toucher à la réputation que sa probité sévère lui avait acquise. Son ame était trop élevée pour que l'avarice et le desir d'acquérir des richesses par des voies illégitimes pussent l'atteindre : après avoir eu entre les mains une partie des trésors de sa patrie et avoir surpassé en puissance plusieurs rois, il laissa ses biens tels qu'il les avait reçus de son père.

Avec de pareils sentimens et un esprit délicat, les arts ne pouvaient lui être indifférens ; il les aima avec passion, et les fit servir à immortaliser sa patrie et le temps de sa puissance. *Le siècle de Périclès* rappelle tout ce que l'esprit humain a conçu de grand et de beau. Il ne reste plus que les ruines des monumens magnifiques dont il décora Athènes ; mais ces ruines attirent les étrangers, et sont encore les modèles du bon goût. *Phidias*, son ami, fut le directeur de ses travaux immortels, et n'en cessa point pour cela de produire lui-même des chefs-d'œuvre. Certes, Périclès ne fit pas naître tant de grands hommes qui concoururent à remplir ses vues; mais il eut l'honneur d'animer leur génie, de l'employer, de le faire valoir. Un barbare, un ignorant, un insouciant, à sa place, n'auraient rien su ou rien voulu mettre en œuvre; leur siècle se fût écoulé comme un siècle ordinaire, et Athènes eût péri avec la moitié de sa gloire.

Périclès ambitionna aussi la réputation d'habile capitaine, et il commanda les Athéniens dans le Péloponèse, remporta une célèbre victoire près de Némée contre les Sicyoniens, et prit Samos après neuf mois de siége. Ce fut pendant ce siége qu'*Artamon* de Clazomène inventa le bélier, la tortue et quelques autres machines de guerre d'un très-grand usage chez les anciens. Périclès ne voulut point sur-tout de paix avec les Lacédémoniens;

il engagea les Athéniens à continuer la guerre ; mais ce conseil n'ayant rien produit que de funeste, on lui ôta sa charge de général, et il fut condamné à 15 ou 50 talens d'amende. C'était le premier revers considérable qu'il éprouvait ; il y fut très-sensible, et se tint quelque temps renfermé chez lui. A ce malheur se joignirent des peines domestiques ; il perdit tous ses enfans. Le peuple, qui était accoutumé à son administration, et qui n'avait qu'à s'en louer, s'apperçut bientôt qu'il manquait ; il manifesta le desir de le revoir dans les assemblées. Alcibiade et les autres amis de Périclès lui persuadèrent de sortir et de se montrer. Il suivit leur conseil, et le peuple, l'accueillant avec des transports de joie, lui demanda, en quelque sorte, pardon de son ingratitude. Périclès reprit alors le gouvernement, mais peu de temps après il fut atteint d'une maladie contagieuse, et mourut l'an 429 avant notre ère.

C'était un homme qui réunissait en lui presque tous les genres de mérite qui font les hommes supérieurs ; il était grand orateur, habile général, amiral et homme d'état consommé. Son nom rappelle aussi celui d'*Aspasie* de Milet : l'amour qu'il eut pour cette fameuse courtisane, et la faiblesse qu'il eut de l'épouser, ternirent un peu sa gloire ; mais il faut cependant observer qu'Aspasie n'était point une femme ordinaire : outre l'avantage de la beauté, elle possédait toutes les graces, un grand nombre de talens et le bon goût qui les juge tous. Souvent elle lui fut utile dans les affaires les plus difficiles, et lui donna des conseils dont il se trouva très-bien. Enfin *Socrate* la loua, et c'est dire qu'elle avait des droits à l'estime des gens vertueux. Elle fit cependant faire une grande faute à son époux ; elle l'engagea, par esprit de vengeance, à ravager l'Arcadie, et Périclès eut la faiblesse de lui obéir.

ALCIBIADE,

ALCIBIADE,

GÉNÉRAL ATHÉNIEN,

Né l'an 454 avant notre ère.

ALCIBIADE naquit à Athènes, de *Clinias*, l'un des principaux citoyens, et dont on faisait remonter l'origine jusqu'à Ajax. *Périclès* et *Ariphron*, ses proches parens, furent ses tuteurs ; le premier le reçut dans sa maison, et lui fit donner l'éducation la plus brillante, mais en même temps il lui laissa beaucoup trop de liberté ; et, sans l'amitié de *Socrate*, qui s'attacha à l'instruire et à lui élever l'ame, il n'eût peut-être jamais été qu'un agréable débauché. Voici le portrait qu'en fait Cornélius-Népos.

« La nature, en formant Alcibiade, sembla faire l'épreuve de ses forces. Tous les historiens qui ont parlé de lui, s'accordent à dire que personne n'a eu ni plus de vices, ni plus de talens et de vertus. Né dans une ville illustre et florissante, et de parens très-nobles, effaçant par sa beauté tous les Athéniens de son âge, il était encore propre à tout, plein de génie et d'habileté, grand général sur mer et sur terre, éloquent, et si persuasif dans ses discours par le charme de sa figure et de sa voix, qu'il subjuguait tous les cœurs ; riche, mais laborieux lorsqu'il le fallait, patient, libéral, splendide chez lui, magnifique au-dehors, affable, insinuant, et très-adroit à se plier aux circonstances. Mais dès qu'il n'avait plus d'occasions d'exercer sa tête, et qu'il se reposait, il se livrait à la mollesse, à la volupté, à la débauche, à tous les excès ; en sorte qu'on était généralement étonné de trouver dans un seul homme un si grand contraste de mœurs et de caractère... Enfin, il fut tellement comblé des dons de la nature et de la fortune, que, s'il eût été l'arbitre de sa destinée, il n'aurait pu s'en faire, ni même en imaginer une plus brillante. »

Quelques traits de son enfance, conservés par Plutarque, annoncèrent ce qu'il devait être dans un autre âge. Un jour il jouait aux osselets dans la rue : un chariot vient à passer ; il prie le conducteur d'arrêter un moment ; mais le charretier, sans complaisance, presse au contraire plus vivement ses chevaux. Tous les compagnons d'Alcibiade se dispersent ; lui, au lieu de les imiter, se couche devant la roue même, en disant : *Malheureux ! passe, si tu l'oses*. Dans une autre occasion, il luttait avec un de ses compagnons, et se sentant vivement pressé, il le mordit au bras : *Ah ! traître*, s'écrie celui-ci, *tu mords comme une femme. Dis plutôt comme un lion*, réplique Alcibiade. Parvenu à l'âge où l'on desire la gloire, il ne laissa passer aucune occasion de se distinguer ; il remporta plusieurs prix aux jeux olympiques. Lorsqu'il se mêla des affaires publiques, son éloquence détermina les Athéniens à envoyer une flotte en Sicile. Il en fut lui-même nommé général, avec deux collègues qu'on lui adjoignit, *Nicias* et *Lamachus* ; mais tandis qu'on faisait les préparatifs de l'expédition, un événement assez singulier faillit à le perdre entièrement : il arriva que dans une nuit on mutila et l'on renversa tous les *Hermès* qui se trouvaient dans Athènes, hors un seul. Ces *Hermès* ou *Mercures* étaient en pierre, et en forme de cube sans pieds et sans mains. Cet accident, qui n'était peut-être que les suites de la débauche de quelques jeunes gens, parut aux Athéniens l'effet d'une grande conspiration, et les ennemis d'Alcibiade eurent soin de faire tomber les soupçons sur lui, et même de l'accuser. Ce général qui sentit combien, à la veille de son départ, une semblable accusation pouvait lui devenir funeste, demanda que, si l'on voulait lui faire subir un jugement, on informât contre lui tandis qu'il était présent, au lieu de l'exposer, en son absence, aux imputations de l'envie. Mais ses accusateurs sentant qu'ils ne pouvaient lui nuire pour le moment, résolurent d'attendre encore, afin de porter des coups plus sûrs. Ce fut lorsqu'ils le surent en Sicile, qu'ils l'accusèrent *d'avoir violé les choses sacrées* : en conséquence les magistrats lui envoyèrent l'ordre de revenir pour se justifier. Alcibiade, qui savait comment le peuple, toujours porté à quelque excès, avait coutume d'en agir, même avec les plus grands hommes, chercha par la fuite à se soustraire au malheur qui le menaçait. Il se rendit d'abord à Élis, et ensuite à Thèbes.

Mais lorsqu'il eut appris qu'il avait été condamné à mort, que ses biens avaient été confisqués, que le peuple avait forcé les Eumolpides, prêtres de Cérès, à le maudire, selon la coutume, et que, pour donner plus d'authenticité à cet anathême et en perpétuer la mémoire, on en avait gravé les termes sur un pilier de pierre élevé dans un lieu public, il se regarda comme mort en effet pour sa patrie, et se retira à Sparte, qui était en guerre avec Athènes. Il n'eut pas la générosité d'Aristide ; il se rangea du parti des ennemis de sa république, et lui fit la guerre avec une ardeur qui marque une ame qui n'avait pas encore assez de grandeur. Par ses conseils, les Lacédémoniens s'unirent avec le roi de Perse, fortifièrent Décélie dans l'Attique, et y établirent une garnison pour tenir Athènes en échec. Ces opérations donnèrent une grande supériorité aux Spartiates, qui n'en furent pas pour cela plus reconnaissans. Ils se défièrent toujours de l'homme habile qui les faisait triompher ; et, craignant que l'attachement intérieur qu'il avait toujours pour sa patrie, ne le portât un jour à tourner contre eux les moyens qu'il employait à leur service, ils épièrent le moment de se défaire de lui. Alcibiade, ayant pénétré ce projet abominable, se retira auprès de *Tissapherne*, lieutenant de Darius. Devenu l'ami de ce satrape, et voyant s'affaiblir la puissance des Athéniens par le malheur de leurs armes en Sicile, et celle des Spartiates s'accroître, il commença par s'adresser à *Pisandre*, qui commandait l'armée près de Samos, et lui fit proposer son retour. Pisandre trompa son attente ; mais *Thrasybule* le fit d'abord recevoir par l'armée et créer préteur de Samos ; et *Théramène* lui donnant ensuite sa voix pour son rappel, il fut rétabli par un décret du peuple, et associé, quoiqu'absent, au commandement de l'armée avec l'un et l'autre. La conduite de ces généraux changea tellement la face des affaires, que les Spartiates, naguère vainqueurs et puissans, furent épouvantés, et demandèrent la paix. Ils avaient été vaincus cinq fois par terre, et trois fois par mer, où ils avaient perdu deux cents trirèmes, dont l'ennemi s'était emparé. Les trois généraux, après avoir fait les plus grandes choses, après s'être chargés de butin et avoir enrichi leur armée, revinrent à Athènes.

Toute la ville fut au-devant d'eux jusqu'au Pirée. On avait un si grand desir de voir Alcibiade, que le peuple accourait en foule à sa galère comme s'il fût arrivé seul. Lorsqu'il fut descendu à terre, on lui présenta de tous côtés des couronnes d'or et d'airain, honneur qu'on n'avait jamais fait jusqu'alors qu'aux vainqueurs des jeux olympiques. Alcibiade, se rappelant ses malheurs passés, recevait, en versant des larmes de joie, ces marques de l'affection de ses concitoyens. Il fut rétabli dans ses possessions, et les Eumolpides révoquèrent les malédictions qu'ils avaient lancées contre lui.

Tous les peuples, pris en corps, sont légers ; et le peuple athénien était peut-être le plus léger de la terre. Il ne tarda pas à voir de nouveaux crimes dans la conduite de cet homme qu'il venait en quelque sorte d'adorer. Après avoir été décoré de toutes sortes d'honneurs, chargé du gouvernement civil et militaire, et revêtu d'un pouvoir absolu, Alcibiade obtint Thrasybule et *Adimante* pour collègues, et partit pour l'Asie avec une flotte. Il eut le malheur d'échouer au siége de Cimé. Les Athéniens lui retirèrent aussitôt leur faveur. Comme on croyait que rien ne lui était impossible, on lui imputait tous les revers; on l'accusait de négligence ou de mauvaise volonté. On prétendit donc que, gagné par le roi de Perse, il n'avait pas voulu prendre Cimé. Sur des motifs aussi absurdes, on le déposa en son absence, et l'on mit un autre général à sa place. Alcibiade fut encore obligé d'errer sans patrie; il se retira à Périnthe en Thrace, sur la Propontide, où ayant fortifié trois châteaux, et ramassé quelques troupes, il fit, le premier des Grecs, une irruption dans la Thrace. Cette expédition, qui ressemblait fort à un brigandage, accrut sa renommée et ses richesses, et lui acquit l'alliance et l'amitié de quelques rois de ces contrées.

Il ne put cependant se détacher de sa patrie. *Philoclès*, général des Athéniens, ayant porté ses vaisseaux près d'Egos-Potamos, et *Lysandre*, qui commandait ceux des Spartiates, n'en étant pas éloigné, et ne cherchant qu'à traîner la guerre en longueur, parce que les Perses lui fournissaient de l'argent, et que les Athéniens au contraire n'en avaient plus, il se rendit sur la flotte athénienne, et là, en présence de l'armée, il exposa que, si l'on voulait le laisser agir, il forcerait les Spartiates ou à combattre, ou à demander la paix ; qu'ils n'éludaient une bataille navale que parce qu'ils étaient plus forts sur terre que sur mer, mais qu'il lui serait facile d'engager *Seuthès*, un des rois de la Thrace, à les chasser de la terre ferme, et qu'alors ils seraient réduits à la nécessité de se battre ou de mettre fin à la guerre. Philoclès trouva ces raisons excellentes ; mais, pour plusieurs motifs purement personnels, il ne voulut pas s'y rendre. *Puisque vous me refusez*, ajouta Alcibiade en le quittant, *les moyens de faire triompher la patrie, je vous avertis au moins de tenir votre flotte près de celle des ennemis; car il est à craindre que la licence du soldat ne fournisse à Lysandre l'occasion de surprendre et d'accabler votre armée.* Philoclès méprisa encore ce dernier conseil, et la prédiction d'Alcibiade fut accomplie. Lysandre, ayant appris que les Athéniens étaient descendus à terre pour piller, tomba sur leur flotte, et termina la guerre d'un seul coup.

Alcibiade se vit bientôt contraint d'abandonner la Thrace; et ne pouvant rentrer en Grèce, où les Lacédémoniens régnaient alors, il ne vit pour lui de refuge qu'en Asie, auprès de *Pharnabaze*. Par son aménité et son esprit, il sut si bien gagner l'esprit du satrape, qu'il devint son ami, et reçut de lui en présent le château de Grunium en Phrygie, qui rapportait cinquante talens de revenu. Le souvenir d'Athènes ne l'abandonna point encore cependant ; il voyait avec indignation cette superbe ville alors réduite sous le joug des Lacédémoniens. Il conçut le projet de faire entrer le roi de Perse dans la vengeance de sa patrie, et d'en obtenir des secours pour combattre les Spartiates. Ceux-ci sans doute savaient combien un homme de son caractère pouvait leur être funeste, car ils cherchèrent à le faire périr par un moyen aussi bas que criminel ; ils déclarèrent à Pharnabaze que les liaisons qu'il y avait entre eux et le roi de Perse cesseraient, s'il ne leur livrait Alcibiade mort ou vif. Le lâche satrape ne résista point à cette menace ; il aima mieux violer les droits de l'humanité que de courir quelques risques ; il chargea donc deux émissaires d'aller en Phrygie tuer Alcibiade, qui se préparait alors à partir pour la cour de Perse. Les deux émissaires donnèrent aux voisins d'Alcibiade la commission secrète de l'assassiner. Ceux-ci n'osant pas l'attaquer le fer à la main, amassèrent du bois pendant la nuit autour du petit logement où il reposait, et y mirent le feu, afin de faire périr par les flammes un homme qu'ils désespéraient d'accabler par la force. Alcibiade éveillé par le bruit de l'incendie, et s'appercevant qu'on lui avait soustrait son épée, se jette sur le poignard d'un domestique arcadien qui n'avait jamais voulu le quitter, et lui ordonne de le suivre; il se saisit de toutes les hardes qu'il peut trouver sous sa main, les jette au milieu du feu, et s'élance à travers la flamme. Les barbares voyant qu'il avait échappé à l'incendie, le tuèrent à coups de traits qu'ils tiraient de loin, et portèrent sa tête à Pharnabaze. Une de ses maîtresses, appelée *Timandra*, qui l'accompagnait par-tout, le couvrit de sa robe, et fit consumer les restes de ce grand homme par le feu que ses assassins avaient allumé. Il avait alors 50 ans.

« Plusieurs écrivains, dit Cornélius-Népos, ont flétri sa mémoire ; mais trois historiens dont le témoignage est du plus grand poids, l'ont extrêmement vanté : *Thucydide*, son contemporain ; *Théopompe*, qui parut peu de temps après, et *Timée*. Ces deux derniers, certainement très-satiriques, se sont accordés, je ne sais comment, à ne louer que lui.

Après en avoir dit tout ce que j'ai rapporté, ils ajoutent que, né dans la ville la plus brillante de la Grèce, il y vécut avec plus d'éclat et de dignité qu'aucun de ses concitoyens ; qu'à Thèbes, où il s'était retiré lors de son exil, il s'accommoda si bien aux goûts des Béotiens, lesquels préféraient les exercices qui fortifient le corps à ceux qui aiguisent l'esprit, que nul d'entre eux ne put l'égaler du côté de la force et de l'action ; qu'à Lacédémone, où la patience était la première des vertus, il mena une vie si dure, qu'il surpassa tous les Spartiates en parcimonie et en frugalité ; que chez les Thraces, hommes abandonnés à l'ivrognerie et à la débauche, il se livra plus qu'eux à ces excès ; que parmi les Perses, qui mettaient à-la-fois leur plus grande gloire et à braver courageusement les fatigues et les dangers de la chasse, et à vivre dans le luxe et dans la mollesse, il copia si bien leurs mœurs, qu'ils le regardaient eux-mêmes avec admiration ; et qu'enfin dans quelque pays qu'il se trouvât, cette souplesse de caractère le faisait mettre au-dessus des autres et le rendait cher à tout le monde. »

AGÉSILAS II,

ROI DE SPARTE,

Né l'an 436 avant notre ère.

Après la mort d'Agis, roi de Sparte, *Agésilas* monta sur le trône, quoique son frère eût laissé un fils appelé *Léotychide*, mais que l'on regardait comme enfant naturel d'Alcibiade. Agésilas avait toutes les qualités qui font un grand guerrier et un roi juste, et il les devait à l'éducation qu'il avait reçue : quoique frère du roi, on l'avait élevé comme le dernier Spartiate, dans toute la rigidité des mœurs lacédémoniennes.

Son règne fut signalé par les victoires qu'il remporta sur *Tissapherne*, général des Perses, l'an 396 avant notre ère. Au milieu de ces victoires même, il fut obligé de revenir pour arrêter les Athéniens et les Béotiens qui désolaient sa patrie. Il les défit entièrement à Coronée, malgré les blessures qu'il avait reçues. Il conquit ensuite Corinthe, et fut encore arrêté au milieu de ses avantages par une maladie. Dès qu'il ne fut plus à la tête des troupes, les Lacédémoniens furent vaincus ; mais à peine reparut-il, que sa prudence et sa valeur réparèrent tout.

Dans sa vieillesse il secourut *Nectanébus* contre *Tachos*, roi d'Égypte. Ce dernier, pressé par les Perses, demanda aux Lacédémoniens un secours qu'Agésilas lui amena. Tachos n'accueillit pas comme il le devait un aussi grand capitaine ; il eut même la sotte imprudence de le plaisanter sur ses disgraces naturelles : Agésilas était petit, de mauvaise mine, et boiteux. Tachos lui appliqua la fable d'une montagne qui accouche d'une souris ; le Spartiate indigné lui repartit que ce serait un lion qu'il verrait bientôt. En effet, Nectanébus s'étant révolté quelque temps après, Agésilas se mit de son parti, et Tachos se vit obligé de sortir de ses états.

Sparte eut le bonheur de voir long-temps régner un roi qui la rendait heureuse et formidable : Agésilas vécut jusqu'à sa quatre-vingtième année. Il mourut l'an 356 avant l'ère vulgaire.

Avant qu'il parvînt au trône, il était déjà tellement aimé de ses concitoyens, que les Éphores le condamnèrent à une amende, uniquement parce *qu'il s'appropriait les citoyens qui appartenaient à la république.* Devenu roi, il conserva la modestie qu'on lui avait vue jusqu'alors, et il ne voulut pas qu'on lui élevât de statue. S'il n'eût pas autant aimé la guerre, il eût été le modèle de ceux qui gouvernent les hommes.

ISOCRATE,

CÉLÈBRE RHÉTEUR,

Né l'an 436 avant notre ère.

Isocrate naquit à Athènes, l'an 436 avant notre ère, d'un artiste qui avait fait une honnête fortune en vendant des instrumens de musique, et qui voulut en faire jouir son fils en lui donnant une bonne éducation. Isocrate devint un des plus grands maîtres d'éloquence de son temps. Sa timidité et la faiblesse de sa voix ne lui permirent pas de devenir orateur : il se contenta de former des élèves, et vit sortir de son école une foule d'hommes habiles, qui étendirent sa réputation dans toute la Grèce. L'amour qu'il portait à son pays, l'engageait à ne rien recevoir des Athéniens qu'il instruisait ; cependant nul rhéteur ne gagna autant d'argent que lui : le fils d'un roi fut si charmé d'un discours où il prouvait qu'*il faut obéir au prince*, qu'il lui fit présent, rapporte-t-on, de soixante mille écus. C'était payer fort cher un discours, quelque bien fait qu'il fût. Isocrate craignant que le jeune roi n'abusât des raisons qu'il donnait en faveur de l'autorité souveraine, lui envoya quelque temps après un autre discours, où il prouvait alors que *le prince est obligé de faire le bonheur de ses sujets.*

Isocrate avait autant de vertus que de talens ; son ame noble ne savait point dissimuler l'injustice que la multitude approuvait : il se déclara pour Socrate, condamna ses juges, et ne craignit point de paraître en public avec un habit de deuil. Il vécut presque un siècle, et mourut victime du sentiment le plus beau qui puisse animer le cœur humain. La nouvelle de la défaite des Athéniens par *Philippe*, à la bataille de Chéronée, le pénétra d'une douleur si vive, qu'il ne voulut pas survivre au malheur de sa patrie ; il refusa toute nourriture, et expira quatre jours après, à l'âge de 98 ans. Son éloquence était animée par la chaleur de son cœur ; son style est doux, coulant, plein de graces naturelles ; ses pensées sont nobles, ses expressions fleuries et harmonieuses. Il est le premier, suivant Cicéron, qui ait introduit dans la langue grecque, ce nombre, cette cadence, cette harmonie qui en fait la première des langues. Nous avons de lui trente et une harangues, que l'abbé *Auger* a traduites en français.

PLATON,

CÉLÈBRE PHILOSOPHE GREC,

Né l'an 429 avant notre ère.

Une imagination vive et brillante étincela dès l'enfance dans Platon, et annonça ce qu'il devait être. Cette imagination le porta d'abord vers la poésie ; mais désespérant d'égaler Homère qu'il lisait sans cesse, il aima mieux se consacrer à la philosophie. A l'âge de vingt ans, il s'attacha uniquement à Socrate, et devint son disciple le plus distingué. Après la mort de son illustre maître, il se retira chez *Euclide*, à Mégare. Il voyagea dans la suite chez les nations les plus éclairées, pour y recueillir tout ce qui lui restait à apprendre, et ce qui pouvait contribuer à l'amélioration et au bonheur des hommes.

Revenu à Athènes, il y ouvrit une école, qui devint bientôt célèbre par la manière d'enseigner du maître, et par l'habileté des disciples qui en sortirent. Cette école se trouvait dans un quartier du faubourg appelé *Académie*.

La réputation de Platon était si brillante que *Denis le jeune*, tyran de Syracuse, éprouva le plus vif desir de le connaître ; il lui écrivit des lettres également pressantes et flatteuses, pour l'engager de passer à sa cour. Le philosophe se sentait peu de penchant à ce voyage ; il ne prévoyait pas que ses discours pussent être bien utiles à un homme qui, pouvant tout, faisait plutôt le mal que le bien. Enfin, tant de courriers lui furent dépêchés qu'il consentit, et se mit en chemin pour la Sicile. Il y fut reçu avec tous les honneurs qu'il méritait ; Denis offrit un sacrifice pour célébrer le jour de son arrivée. Ce roi avait les plus heureuses dispositions, et ses vices paraissaient plutôt venir de sa place que de son cœur ; Platon ne désespéra pas d'en faire un homme de bien et un bon roi : mais malheureusement, les courtisans qui ne trouvaient point leur compte à tant de vertus, détruisirent à mesure l'ouvrage de la philosophie. Platon désespérant de réussir dans son projet, retourna dans sa patrie.

Ce philosophe était d'une simplicité et d'une modestie admirables. En revenant de voir les jeux qui se célébraient tous les quatre ans à Olympie, il se trouva logé avec des personnes de considération auxquelles il ne se fit point connaître. Il fit la route avec elles jusqu'à Athènes, et charmé de leur entretien, il les reçut chez lui. Ces étrangers, qui estimaient la sagesse et ceux qui l'enseignent aux hommes, prièrent, à leur arrivée, leur hôte de leur faire connaître *Platon. Le voici*, dit le philosophe en souriant; et les étrangers, surpris de le trouver dans un homme qui montrait si peu de prétentions, ne lui portèrent que plus de respect.

Ce philosophe avait été traité par la nature aussi bien pour le corps que pour l'esprit; il était d'une belle taille, d'une figure noble et d'une grande force. La largeur de ses épaules lui avait fait donner le nom de *Platon* par son maître de Palestre; auparavant il s'appelait *Aristocle*.

Les ouvrages qui nous restent de lui sont des dialogues sur différens points de morale, de métaphysique et de politique. Sa diction est en prose ce qu'est en vers celle d'Homère. Son éloquence est en même temps énergique, pressante et fleurie. Les savans conviennent qu'on ne peut mieux écrire que lui lorsqu'il écrit bien ; mais ils avouent aussi que quelquefois il est enflé, obscur et indigne de lui-même. Le même reproche peut lui être fait pour le fond de ses ouvrages ; à côté de la morale la plus pure et des pensées les plus belles, on voit souvent des systèmes bizarres, puérils, ridicules, des idées basses et des sentimens déraisonnables : mais en général, le bon l'emporte de beaucoup sur le mauvais, et le nom de Platon a passé jusqu'à nos jours comme celui d'un véritable sage. Il mourut dans sa quatre-vingt-huitième année, l'an 348 avant notre ère. On plaça sur son tombeau cette épitaphe digne de lui : *Cette terre couvre le corps de Platon ; le ciel contient son ame heureuse. Homme, qui que tu sois, si tu es honnête, tu dois révérer ses vertus.*

    Ses ouvrages ont été traduits par *Dacier, Maucroix, Grou et Jean Racine.*

ARISTIPPE,

PHILOSOPHE GREC,

Vers 400 ans avant notre ère,

Aristippe fut, comme Platon, disciple de Socrate ; il avait quitté la Libye, dont il était originaire, pour venir à Athènes entendre ce célèbre philosophe. Sa philosophie ne fut cependant point celle de son maître : ses inclinations portées à la volupté, lui firent adoucir, ou plutôt dénaturer les principes sévères qu'il avait reçus. Il recherchait les grands, et savait leur plaire par l'amabilité de son caractère. *Denis* le Tyran l'attira à sa cour. Aristippe y fut philosophe et courtisan, selon les circonstances. Il dansait, s'il le fallait, et s'enivrait au besoin. Les cuisiniers et le roi avaient tour-à-tour ses conseils, et chacun d'eux pouvait y gagner à sa manière. Pourquoi, lui demanda un jour Denis, les philosophes assiégent-ils toujours la porte des grands, tandis que ceux-ci ne vont jamais voir les philosophes? *C'est*, répondit Aristippe, *parce que les philosophes connaissent leurs besoins, et que les grands ne connaissent pas les leurs.* C'était faire une réponse piquante à une humiliante question; mais ce n'était pas disculper les philosophes. *Mais en quoi les philosophes sont-ils au-dessus des autres hommes?* lui demandait un autre questionneur : *C'est*, répondit-il, *que quand il n'y aurait point de lois, ils vivraient comme ils font.* Il répétait souvent : *Il vaut mieux être pauvre qu'ignorant, parce que le pauvre n'a besoin que d'être aidé d'un peu d'argent, au lieu qu'un ignorant a besoin d'être humanisé.* Ayant demandé cinquante drachmes à un père pour instruire son fils : *Comment! cinquante drachmes!* s'écria celui-ci; *il n'en faudrait pas davantage pour avoir un esclave. Eh bien*, repartit le philosophe, *achète-le, et tu en auras deux.*

Quoiqu'il se laissât volontiers aller à ses passions, il savait quelquefois les maîtriser

triser. Denis lui ayant un jour donné le choix entre trois courtisanes, Aristippe les prit toutes les trois, disant que Pâris s'était trouvé fort mal d'avoir jugé en faveur d'une seule déesse sur trois. Il les mena ensuite jusqu'à sa porte, et les congédia. Comme on le plaisantait sur son commerce avec la fameuse courtisane *Laïs* : *Il est vrai*, dit-il, *que je la possède, mais elle ne me possède pas*. Il savait, avec son esprit, se disculper gaîment des reproches qu'on lui faisait sur sa conduite. Quelqu'un lui ayant dit qu'il vivait trop splendidement : *Eh quoi !* répliqua-t-il, *si la bonne chère était blâmable, ferait-on de si grands festins dans les fêtes des dieux ?* Diogène, dont le métier était d'adresser des injures à tout le monde, lui dit que s'il savait se contenter de légumes, il ne s'abaisserait pas à faire sa cour aux princes. *Et si celui qui me condamne*, répondit Aristippe, *savait faire sa cour aux princes, il ne se contenterait pas de légumes*. Quelquefois il fuyait les railleries en silence : quelqu'un qui l'attaquait lui ayant demandé pourquoi il s'en allait :

C'est, dit-il, *que comme vous êtes le maître de m'envoyer des brocards, il dépend aussi de moi de ne pas les entendre.* A juger d'Aristippe par ces reparties, on voit que c'était un homme d'esprit qui aimait le plaisir et la philosophie en même temps, et tâchait de concilier pour le mieux ces choses différentes.

DIOGÈNE,

PHILOSOPHE CYNIQUE,

Né l'an 416 avant notre ère.

Nous ne parlons ici de Diogène que par rapport à la bizarrerie de sa conduite. Un être aussi méprisable, loin d'être placé dans la liste des personnages célèbres, mérite à peine une place parmi les hommes. Il pensa cependant quelquefois comme un sage, mais il vécut comme une véritable brute.

Ce cynique (c'est ainsi que l'on nommait certains philosophes qui semblaient plutôt *aboyer* contre les hommes que leur reprocher leurs vices), ce cynique (1) naquit à Sinope, ville de Pont. On prétend qu'il fut chassé de sa patrie pour crime de fausse monnaie, et que son père avait eu le même sort. C'est peut-être une calomnie, mais quel bien pouvait-on penser de Diogène? En se retirant de Sinope il écrivit avec orgueil à ses compatriotes : *Vous m'avez banni de votre ville, et moi je vous relègue dans vos maisons.* Le seul esclave, nommé *Ménade*, qui l'avait suivi, prit bientôt la fuite. Comme on conseillait à Diogène de faire courir après lui, il répondit : *Ne serait-il pas ridicule que Ménade pût vivre sans Diogène, et que Diogène ne pût vivre sans Ménade?*

Il vint à Athènes et résolut de s'adonner à la philosophie : c'était alors une sorte de profession. Le *cynisme* lui convenait à tous les égards : bourru et mécontent des hommes qui le méprisaient, il aurait au moins la liberté de les accabler de ses in-

___

(1) Cette épithète vient d'un mot grec qui veut dire *chien*.

jures philosophiques ; pauvre, sans ressource, et probablement fainéant, il aurait sans peine l'orgueil de mépriser les biens qu'il n'avait pas, et pourrait se livrer à son aise à la crapule qui lui plaisait. *Antisthène* était alors le chef des cyniques, mais il ne voulut point recevoir Diogène au nombre de ses disciples ; celui-ci n'en fit pas moins ses efforts pour entrer dans son école; le philosophe prit un bâton et en donna sur les épaules de l'opiniâtre écolier. *Frappe, frappe,* dit Diogène; *tant que tu auras quelque chose à m'apprendre, tu ne trouveras pas de bâton assez dur pour m'éloigner.* Il fallut bien le recevoir.

Diogène avait un fonds inépuisable d'orgueil ; il ne s'instruisait pas pour vivre plus heureux ou plus vertueux, mais pour étonner les hommes et attirer leur attention : il porta donc à l'extrême la manière de vivre des cyniques ; couvert de haillons, ou plutôt nu, l'épaule chargée d'une besace, un bâton à la main, il rôda en cet équipage dans les rues de la riche Athènes, et vint se réfugier, pour la nuit, dans le fond d'un tonneau. Ce tonneau était son palais, et il le transportait à sa volonté d'un lieu à un autre. Il n'avait gardé pour tout meuble qu'une écuelle de bois ; un jour il vit un enfant qui buvait dans le creux de sa main : *Comment !* s'écria-t-il, *j'ai conservé une chose superflue !* et ce fou cassa son écuelle.

On rapporte qu'*Alexandre* le grand étant à Corinthe, eut la curiosité de voir ce bizarre personnage, et que lui ayant demandé ce qu'il pouvait faire pour lui, le cynique se contenta de répondre : *Que tu te déranges, pour ne point m'ôter mon soleil.* Que ce soit un fait, il n'y a pas de quoi s'étonner : les rois peuvent, comme les autres hommes, consacrer un instant à examiner quelque animal singulier ; mais qu'Alexandre ait répondu : *Si je n'étais Alexandre, je voudrais être Diogène*, c'est ce qui n'est pas croyable, parce que ces mots sont indignes d'un homme sensé, et plus encore d'un grand roi. Il est vrai que le prince macédonien était possédé du desir le plus ardent d'occuper les hommes de lui, mais s'il eût parlé ainsi sérieusement, il faudrait le ranger dans une autre classe de fous.

Diogène avait un esprit quelquefois gai, et presque toujours caustique. Il s'avisa un jour de marcher en plein midi avec une lanterne. Et que cherchez-vous? lui demanda quelqu'un. *Un homme*, répondit-il. Platon ayant défini l'homme un animal à deux pieds et sans plumes, il pluma un coq, et le jetant dans l'école du philosophe: *Platon*, s'écria-t-il, *voilà ton homme!* Des juges conduisaient au supplice un misérable qui avait pris une petite fiole dans le trésor public: *Voilà*, dit-il, *de grands voleurs qui en conduisent un petit*.

Dans sa vieillesse, il fut captif et vendu comme tel. *Qui veut acheter un maître?* s'écria-t-il sur la place publique où il était exposé avec d'autres esclaves. *Que sais-tu?* lui demanda un acheteur. *Commander aux hommes*, répondit-il. Un habitant de Corinthe, nommé *Xéniade*, l'acheta et l'emmena chez lui. Ses amis voulaient le racheter: *Vous êtes des sots*, leur dit-il ; *les lions ne sont pas esclaves de ceux qui les nourrissent, mais ceux-ci les valets des lions.* On ajoute qu'il se conduisit si bien dans son esclavage (ce qui ne semble guère s'accorder avec son caractère connu), que Xéniade lui confia l'éducation de ses enfans et l'intendance de ses biens ; et qu'il avait coutume de dire, en parlant de lui : *Un bon génie est entré chez moi.* On présume que ce fut dans cette maison que mourut Diogène, dans sa quatre-vingt-seizième année, l'an 320 avant notre ère. On le trouva sans vie, enveloppé dans son manteau. Il ordonna, dit-on, que son cadavre fût jeté dans un fossé, et qu'on se contentât de le couvrir d'un peu de poussière. *Mais vous servirez de pâture aux bêtes*, lui dirent ses amis. *Eh bien,* répondit-il, *qu'on me mette un bâton à la main, afin de les chasser. — Et comment pourrez-vous le faire, puisque vous ne sentirez rien? — Que m'importe donc,* reprit Diogène, *que les bêtes me déchirent.*

On n'eut cependant aucun égard à son intention : ses amis lui firent des obséques magnifiques à Corinthe. Son tombeau fut orné d'une colonne sur laquelle on mit un chien de marbre, animal auquel on comparait les cyniques, et d'où vient même le nom qu'on leur donnait.

Diogène raisonnait quelquefois très-bien, et débitait la plus belle morale : voici de lui plusieurs pensées qui méritent d'être conservées par les gens de bien. — « Il y a un exercice de l'ame et un exercice du corps ; le premier est une source féconde d'images sublimes, qui naissent dans l'ame, qui l'enflamment et qui l'élèvent. Il ne faut pas négliger le second, parce que l'homme n'est pas en santé, si l'une de ces deux parties dont il est composé est malade. — Tout s'acquiert par l'exercice : il n'en faut pas même excepter la vertu ; mais les hommes ont travaillé à se rendre malheureux, en se livrant à des exercices qui sont contraires à leur bonheur, parce qu'ils ne sont pas conformes à leur nature. — L'habitude répand de la douceur, jusque dans le mépris de la volupté. — On doit plus à la nature qu'à la loi. — Tout est commun entre le sage et ses amis ; il est au milieu d'eux comme l'Être bienfaisant et suprême au milieu de ses créatures. — Il n'y a point de société sans loi : c'est par la loi que le citoyen jouit de sa ville, et le républicain de sa république ; mais si les lois sont mauvaises, l'homme est plus malheureux et méchant dans la société que dans la nature. — Ce qu'on appelle *gloire* est l'appât de la sottise, et ce qu'on appelle *noblesse* en est le masque. — Le comble de la folie est d'enseigner la vertu, d'en faire l'éloge et d'en négliger la pratique. — Le médisant est la plus cruelle des bêtes farouches, et le flatteur la plus dangereuse des bêtes privées. — Tâche d'avoir les bons pour amis, afin qu'ils t'encouragent à faire le bien ; et les méchans pour ennemis, afin qu'ils t'empêchent de faire le mal. — Tu demandes aux dieux ce qui te semble bon, et ils t'exauceraient peut-être, s'ils n'avaient pitié de ton imbécillité. — Les avares sont sans cesse occupés à amasser des richesses, et ne savent pas s'en servir. »

ZEUXIS,

CÉLÈBRE PEINTRE GREC,

Vers l'an 400 avant notre ère.

La beauté des statues qui nous viennent des Grecs ne permet point de douter à quel point de perfection ils avaient porté le dessin, et fait croire que les éloges qu'ils donnent à leurs tableaux ne sont point exagérés. Zeuxis fut un des célèbres peintres de la Grèce, et florissait vers l'an 400 avant notre ère. Apollodore fut son maître, et le vit bientôt au-dessus de lui. Ce peintre n'eut pas assez de raison pour n'être point jaloux de son élève, ni assez de courage pour faire taire cette basse passion ; il le décriait chaque fois que l'occasion s'en présentait, et rassembla enfin tous les traits de sa haîne dans une satire qu'il publia. Zeuxis eut le bon esprit d'en rire et de faire mieux encore. Il n'était pas sans orgueil cependant. Ennuyé des critiques injustes, il écrivit au bas d'un tableau qu'il exposait : *On le critiquera plus facilement qu'on ne l'imitera.* Le morceau que les anciens ont loué davantage fut une *Hélène*; les Agrigentins, pour qui elle fut faite, envoyèrent au peintre leurs plus belles filles pour lui servir de modèles ; Zeuxis en retint cinq, et c'est en réunissant les graces et les charmes particuliers à chacune, qu'il conçut l'idée de la plus belle femme du monde, et qu'il sut l'exprimer. On ne peut rapporter sérieusement ce conte, qu'il avait peint des raisins avec tant d'art, que les oiseaux séduits venaient pour béqueter les grappes ; cela prouve seulement avec quelle vérité les objets se reproduisaient sous le pinceau de ce grand peintre.

Parrhasius, autre peintre du même talent, voulut, ajoute-t-on, l'appeler en défi : Zeuxis présenta son tableau des raisins ; et impatient de connaître le tableau de son rival, il s'écria : *Tirez donc le rideau qui couvre votre peinture !* Ce rideau était le sujet même du tableau. Zeuxis s'avoua vaincu, parce qu'il n'avait trompé que des oiseaux, et que Parrhasius l'avait trompé lui-même. Les ouvrages de Zeuxis étaient très-recherchés, et il finit par se voir dans une telle opulence qu'il ne vendait plus ses tableaux, *parce que*, disait-il, *aucun prix n'était capable de les payer*. Ces paroles prouvent plus sa vanité que sa modération. *Festus* dit qu'il mourut à force de rire, en voyant une vieille femme extrêmement ridicule, qu'il venait de peindre. Il faut bien rapporter cette puérilité, puisque les anciens nous l'ont transmise.

CONON,

GÉNÉRAL ATHÉNIEN,

Vers l'an 394 avant notre ère.

Conon entra dans les affaires publiques pendant la guerre du Péloponèse, où il se distingua par la grandeur de ses services. Ses exploits lui méritèrent un honneur particulier; on le fit seul gouverneur de toutes les îles. Les affaires de la république d'Athènes étant tombées dans un triste état, et la ville même étant assiégée, Conon chercha le moyen, non de se mettre lui-même en sûreté, mais de secourir ses concitoyens. Il se rendit auprès de *Pharnabaze*, gouverneur de l'Ionie et de la Libye, gendre et proche parent d'*Artaxercès*, roi de Perse, et obtint la faveur de ce satrape à force de travaux et de périls. Les Spartiates, après la défaite des Athéniens, avaient rompu leur alliance avec Artaxercès, et envoyé *Agésilas* en Asie pour y faire la guerre, d'après les pressantes sollicitations de *Tissapherne*, qui, d'ami intime du roi de Perse, était devenu son ennemi et s'était ligué avec eux. Pharnabaze, qui fut envoyé contre ce rebelle, se reposa de tout sur Conon, et s'en trouva très-bien. Conon fut ensuite à la cour du roi de Perse pour lui rendre compte de la conduite de Tissapherne, et l'engager à faire la guerre aux Lacédémoniens qui soutenaient ce séditieux. Dans cette occasion, il aima mieux écrire au roi que de se prosterner devant lui, suivant la coutume du pays. *Je rendrais volontiers*, dit-il, *cet hommage au roi, s'il m'était personnel ; mais je n'ai pas le droit d'avilir une république accoutumée à commander aux autres nations.*

La guerre fut déclarée, ainsi que Conon le desirait, et Artaxercès lui donna le commandement de sa flotte. Il la dirigea aussitôt vers les ennemis, qui avaient rassemblé leurs forces avec d'autant plus de soin qu'ils craignaient plus un général de leur nation qu'un Persan; *Lysandre* les commandait. Conon les attaqua près de Cnide, les mit entièrement en déroute, leur tua une quantité de monde, leur coula à fond cinquante galères, et fit périr Lysandre lui-même, leur amiral. Cette célèbre victoire fut remportée vers l'an 394 avant notre ère. Les Spartiates perdirent dans cette journée l'empire de la mer, qui passa aux Athéniens. Conon revint dans sa patrie avec une partie des vaisseaux dont il s'était emparé. Il fit rétablir les murs du Pirée et de la ville que Lysandre avait démolis, et fit présent à ses concitoyens de 50 talens qu'il avait reçus de Pharnabaze.

Conon, par une fatalité commune à presque tous les hommes, fut moins sage dans le bonheur que dans l'adversité. Croyant avoir déjà vengé les injures de sa patrie par la défaite de la flotte du Péloponèse, il forma des projets supérieurs à ses forces, *mais qui d'ailleurs n'étaient point blâmables ni indignes d'un citoyen*, dit Cornélius-Népos, *puisqu'il préférait la puissance de sa patrie à celle du roi de Perse*. Il eût sans doute été plus juste et plus raisonnable d'accorder l'intérêt de la patrie avec les droits de la reconnaissance. Conon travailla sourdement à remettre, au détriment d'Artaxercès, les Athéniens en possession de l'Ionie et de l'Éolide; mais n'ayant pas assez caché ses desseins, *Tiribaze*, gouverneur de Sardes, le manda sous prétexte de l'envoyer à la cour pour une affaire importante. Conon obéit au satrape et se rendit auprès de lui. Il fut jeté dans une prison et y resta quelque temps. Quelques-uns croient qu'Artaxercès le fit ensuite mourir; d'autres affirment qu'il s'échappa de sa prison; mais à partir de cet instant, on ne fait plus aucune mention de lui.

XÉNOPHON,

CÉLÈBRE HISTORIEN GREC,

Mort vers l'an 360 avant notre ère.

Xénophon, né à Athènes, puisa à l'école de Socrate ces sentimens élevés qui le distinguèrent par la suite. Il prit le parti des armes, et alla au secours de *Cyrus* le jeune, dans son expédition contre son frère Artaxercès. Ce philosophe guerrier s'immortalisa par la part qu'il eut à la fameuse retraite des *Dix mille*, dont il nous a conservé l'histoire. Il fut l'ami du vertueux Agésilas, le condisciple du sage Platon, et le zélé défenseur de la mémoire de Socrate. Il passa la fin de ses jours à Corinthe, et y écrivit les ouvrages excellens qui nous restent de lui. Outre sa *Retraite des Dix mille*, il continua l'histoire de Thucydide, écrivit la *Vie de Cyrus*, ou plutôt en composa un roman pour l'instruction des rois ; il recueillit *les dits mé-*

morables de Socrate, et fit plusieurs traités et dialogues. Son style est coulant, agréable, et d'une belle simplicité; il a représenté par-tout la vertu avec force, comme elle se trouvait dans son cœur. Il eut un fils digne de lui; on le nommait *Gryllus*: ce jeune homme, quoique blessé à mort en combattant à la bataille de Mantinée, eut le courage de porter un coup mortel à *Épaminondas*, général des Thébains, et mourut quelque temps après. La nouvelle de cette mort ayant été apportée à Xénophon, tandis qu'il sacrifiait, il ôta la couronne de fleurs qu'il avait sur la tête; mais lorsqu'on eut ajouté que ce fils était mort en homme de cœur, il remit aussitôt sa couronne sur sa tête, en disant: *Je savais bien que mon fils était mortel, mais sa mort mérite des marques de joie plutôt que de deuil.* Xénophon mourut environ trois ans après, vers l'an 360 avant notre ère.

ÉPAMINONDAS,

GÉNÉRAL THÉBAIN,

Vers l'an 371 avant notre ère.

___

ÉPAMINONDAS naquit à Thèbes, d'une famille pauvre, quoiqu'elle descendît des anciens rois : il n'en fut pas cependant élevé avec moins de soin. Il apprit la musique, la danse, l'exercice de la lutte, sciences assez peu estimées par-tout ailleurs que chez les Grecs, qui en faisaient grand cas. Il joignit à ces connaissances d'agrément les études les plus sérieuses de la philosophie et de la politique. La nature lui avait donné la vigueur du corps ; il ne négligea rien pour acquérir les qualités de l'ame : il était modeste, prudent, grave, habile à profiter des conjonctures, profond dans l'art de la guerre, brave de sa personne et plein de magnanimité. Il aimait si fort la vérité qu'il ne mentait jamais, même par jeu. Il était encore tempérant, clément, d'une

patience étonnante ; supportant les injustices du peuple à son égard, celles même de ses amis, taisant sur-tout les secrets qu'on lui confiait : silence aussi utile quelquefois que le talent de la parole. Il écoutait volontiers, persuadé que c'était le meilleur moyen de s'instruire : aussi, lorsqu'il se trouvait dans un cercle où l'on agitait quelque question politique ou philosophique, il ne se retirait jamais qu'à la fin de la conversation.

Il supporta si facilement la pauvreté, continue Cornélius-Népos de qui nous empruntons ces traits, que de tous les services qu'il rendit à la république, il ne recueillit que de la gloire. *Diomédon* de Cyzique, à la prière d'Artaxercès, entreprit de le corrompre, et lui offrit des sommes considérables. *L'argent est inutile,* dit ce grand homme, *si ce que le roi de Perse desire est avantageux à ma patrie ; mais si ses vues lui sont contraires, il n'est pas encore assez riche pour me séduire.* Il fit aussitôt sortir de Thèbes Diomédon, dans la crainte que son or ne parvînt à corrompre quelques autres citoyens. La simplicité de sa vie était admirable : ayant été invité par un de ses amis à un grand repas, où un luxe délicat avait tout ordonné, il se fit apporter des mets ordinaires. Son ami étonné lui marqua sa surprise : *Je ne veux point*, lui dit Épaminondas, *oublier comment on vit chez moi*. Il était bien persuadé que la fortune amollit le courage des hommes : un de ses écuyers ayant reçu une grosse somme pour la rançon d'un prisonnier, il lui fit rendre son bouclier : *Tes richesses*, lui dit-il, *t'attacheront trop pour que tu puisses t'exposer aux périls de la guerre, comme tu faisais lorsque tu étais pauvre*.

Il porta d'abord les armes pour les Lacédémoniens, alliés des Thébains. C'est alors qu'il lia une amitié étroite avec *Pélopidas*, qu'il défendit courageusement dans un combat. Par son conseil, Pélopidas délivra Thèbes du joug de Lacédémone. Ce fut le signal de la guerre entre les deux peuples. Epaminondas, élu général des Thébains, gagna, l'an 371 avant l'ère vulgaire, la célèbre bataille de Leuctres, dans la Béotie. L'envie éclate toujours avec les succès ; elle souffre trop alors pour pouvoir se contenir. Epaminondas, pour conserver la supériorité que Thèbes venait d'acquérir, entra dans la Laconie à la tête de cinquante mille hommes, soumit la plupart des villes du Péloponèse, les traita en alliées plutôt qu'en ennemies, et par cette conduite, que la politique et l'humanité lui inspiraient, il s'associa ces différens peuples. Ce fut précisément ces grands services qui servirent de prétexte à l'envie. Epaminondas fut accusé, après la bataille de Leuctres, ainsi que les deux généraux qu'on lui avait associés, et l'on nomma d'autres officiers à leur place. Epaminondas n'obéit point à l'ordonnance du peuple, persuada à ses collègues de l'imiter, et continua la guerre qu'il avait entreprise. Il prévoyait en effet que, s'il se soumettait à ce décret, l'inexpérience et l'incapacité des nouveaux chefs seraient la ruine de l'armée. Une loi de Thèbes, dit Cornélius-Népos, punissait de mort le général qui gardait le commandement au-delà du terme qu'elle prescrivait. Epaminondas faisant réflexion que cette loi n'avait point d'autre objet que le salut de l'État, ne voulut point la faire servir à sa perte, et commanda quatre mois encore après son expiration.

A son retour à Thèbes, il fut appelé en jugement comme criminel d'état. Il avoua qu'il avait effectivement transgressé la loi, et se soumit à la peine qu'elle prononçait; seulement il demanda en grace que l'arrêt de sa condamnation portât *qu'il avait été puni de mort par les Thébains, pour les avoir forcés de vaincre à Leuctres les Spartiates, pour avoir sauvé la patrie et rendu la liberté à toute la Grèce*. Ces paroles d'Epaminondas, ajoute Cornélius-Népos, égayèrent toute l'assemblée; elle éclata de rire, et aucun juge n'osa opiner contre lui. Il sortit ainsi, couvert de gloire, d'une affaire où il s'agissait de sa vie.

Cette sage opiniâtreté à ne point se rendre à un ordre qui aurait perdu son pays, est d'autant plus louable, que dans une circonstance où ses ennemis l'avaient fait exclure du commandement, il servit sans murmure en qualité de simple soldat; il fit plus encore : l'impéritie du général ayant mis l'armée dans un grand danger, il voulut bien, à la prière de tout le monde, se charger du commandement, sans se ressouvenir de l'affront qu'il avait reçu ; il sauva l'armée et la ramena sans perte à Thèbes. Tel était Epaminondas.

Ce grand homme trouva la mort dans la bataille de Mantinée, où il fit encore triompher les Thébains. Le fils de Xénophon qui, comme nous l'avons dit, combattait dans les rangs des Spartiates, lui porta le coup mortel. Epaminondas jugeant qu'il perdrait la vie dès qu'il tirerait de son corps la pointe du javelot qui y était restée, l'y laissa jusqu'à ce qu'on vînt lui annoncer que les Thébains étaient vainqueurs. Quand il eut appris cette nouvelle, il s'écria : *J'ai assez vécu, puisque je meurs victorieux !* et arrachant le fer de sa plaie, il rendit les derniers soupirs.

Epaminondas ne se maria jamais ; et comme Pélopidas, son ami, lui disait qu'il était dommage qu'un homme comme lui ne laissât point d'enfans à la patrie, il répondit : *La victoire de Leuctres est ma fille, et elle est immortelle.*

Cornélius-Népos termine l'histoire d'Épaminondas par une observation qui montre en peu de mots tout ce que fut ce grand homme. La république de Thèbes, dit-il, avant la naissance d'Épaminondas, et après sa mort, fut toujours soumise à une puissance étrangère ; mais tant qu'il la gouverna elle domina toute la Grèce ; ce qui fait voir qu'un seul homme vaut quelquefois plus qu'une nation entière.

PÉLOPIDAS,

VAILLANT THÉBAIN,

Du temps d'Épaminondas.

P<small>ÉLOPIDAS</small> donna la liberté à sa patrie ; telle fut sa gloire. Il y avait déjà long-temps que le Lacédémonien *Phébidas*, passant par Thèbes, en menant une armée contre Olynthie, s'était emparé d'une citadelle qu'on nommait Cadmée, à l'instigation d'un petit nombre de Thébains, qui, pour mieux balancer une faction contraire,

traire, embrassèrent les intérêts de Sparte. Les Lacédémoniens blâmèrent Phébidas, qui avait agi de lui-même, mais ils n'en gardèrent pas moins la citadelle ; ce qui leur donnait un grand pouvoir dans Thèbes. Pour assurer ce pouvoir, ils firent élire des magistrats parmi les Thébains qui étaient à leur dévotion, et firent bannir les chefs de la faction qui leur était opposée. Pélopidas était du nombre de ces chefs.

Tous les bannis se retirèrent à Athènes, pour y attendre l'occasion que la proximité des lieux leur offrirait de rentrer dans leur pays. Pélopidas était le plus actif et le plus hardi. Quand les circonstances lui parurent favorables, il rassembla onze autres jeunes gens, déterminés comme lui à périr, s'il le fallait : une centaine de personnes au plus furent de cette conjuration ; mais les douze chefs, sous la conduite de Pélopidas, l'exécutèrent seuls. Ils choisirent pour surprendre et accabler leurs ennemis, et pour délivrer leur république, un jour où les principaux magistrats avaient coutume de s'assembler dans un festin. Ils sortirent d'Athènes pendant le jour, pour entrer dans Thèbes le soir, et se mirent en marche avec des chiens de chasse et des rêts, et déguisés en paysans, pour n'exciter aucuns soupçons sur la route.

L'arrivée des bannis dans Thèbes vint aussitôt aux oreilles des magistrats; mais occupés de plaisirs, ils méprisèrent cette nouvelle au point de ne donner aucun ordre de s'opposer à eux. Le premier magistrat ayant même reçu une lettre à ce sujet, comme on se mettait à table, la mit sous son coussin sans l'ouvrir, en disant : A demain les affaires sérieuses. Quand la nuit fut avancée, les exilés, conduits par Pélopidas, donnèrent la mort à tous ces convives noyés dans le vin. Après cette exécution, ils appelèrent le peuple aux armes et à la liberté. Les habitans de la ville, ceux mêmes de la campagne, accoururent de tous côtés : la garnison des Spartiates fut chassée de la citadelle; on massacra ou l'on bannit ceux des Thébains qui avaient tenu le parti de Lacédémone, et Thèbes fut enfin libre. Epaminondas, qui était du nombre de ceux qui gémissaient sur la servitude de leur patrie, resta chez lui tant que les Thébains s'entre-déchirèrent; mais il fut un des premiers et le plus ardent lorsqu'il fut question d'attaquer les Spartiates dans la citadelle. Ainsi Pélopidas eut seul la gloire de rendre Thèbes à elle-même. Ce courageux citoyen eut dans la suite les premiers emplois; il partagea presque toutes les entreprises périlleuses d'Epaminondas, et à Mantinée il commanda la troupe d'élite. Il périt dans la guerre que Thèbes fit aux Thessaliens. Il commandait en chef, et eut, comme Epaminondas, le bonheur, en mourant, de faire triompher ses compatriotes.

CAMILLE,

DICTATEUR ROMAIN,

Vers l'an 396 avant notre ère.

Marcus Furius Camillus, d'une maison encore peu renommée, dut à lui seul sa fortune et sa gloire. Il commença à se distinguer dans une bataille qui eut lieu contre les Èques et les Volsques ; en avançant seul devant toute l'armée contre les ennemis pour engager le combat, et quoique dans ce premier choc il eût été blessé à la cuisse, il ne se montra pas avec moins d'ardeur ; il sembla même animé d'un nouveau courage, car ayant arraché le fer de la javeline qui était resté dans la blessure, il ne s'attacha plus qu'aux ennemis qui, par leur valeur, attirèrent son attention.

Tant de courage fut récompensé ; outre les avantages qui revenaient à ceux qui s'étaient distingués, il fut élu censeur, et remplit son emploi avec toute la gravité et la justice qu'il exigeait. Dans la suite on le créa tribun militaire pour aller devant Véies, principale ville de la Toscane, que les Romains tenaient assiégée depuis sept ans ; il n'y resta point, mais il fut chargé de faire la guerre aux Phalériens et aux Capénates, qui, profitant du moment où les Romains étaient occupés au siége de Véies, avaient fait des courses sur leur territoire. Camille les chassa jusque chez eux.

Cependant le siége tirant toujours en longueur, la division qui existait entre le peuple et les patriciens faisant craindre de nouveaux troubles civils, et un mal contagieux venant ajouter aux craintes et au désordre, on eut recours aux remèdes que Rome employa tant de fois avec succès; on créa un dictateur, personnage entre les mains duquel toute l'autorité était remise. Le choix tomba sur Camille, comme celui que l'on estimait le plus grand capitaine et le plus homme de bien ; car les grands talens ne suffisaient pas dans ce cas, il fallait encore des vertus qui assurassent au peuple que sa liberté n'avait aucun risque à courir. Ce général était si estimé de ses concitoyens et des alliés, que les premiers s'enrôlèrent à l'envi sous ses drapeaux, et que les autres lui envoyèrent des secours. Il se rendit aussitôt devant Véies; cette place semblait pouvoir tenir autant de temps encore : Camille jugeant qu'il était impossible de réussir par un assaut, eut recours à la sape et aux mines. Ses soldats, à force de travail et à l'insu des assiégés, s'ouvrirent une route secrète qui les conduisit jusque dans le château. Ils se répandirent de là dans la ville ; une partie alla charger par-derrière ceux qui défendaient encore les murailles ; d'autres rompirent les portes, et toute l'armée entra en foule dans la place.

La longueur du siége, qui avait duré dix ans, les périls qu'on y avait courus, l'incertitude même du succès ; tout cela fit recevoir à Rome, avec des transports de joie, la nouvelle de la prise de cette ville. Tous les temples furent remplis de dames romaines, et l'on ordonna quatre jours de prières publiques en action de graces ; ce qui n'avait pas encore été pratiqué dans les plus heureux succès de la république. Le triomphe même du dictateur eut quelque chose de particulier : Camille parut dans un char tiré par quatre chevaux de poil blanc. Cette pompe déplut au peuple, qui n'aimait point à voir ses magistrats affecter une magnificence qui avait quelque chose de royal.

Camille acheva de perdre la faveur populaire en s'opposant, avec le sénat, à la proposition d'un tribun, qui demandait que l'on fît de Véies une nouvelle Rome, en y envoyant, pour l'habiter, la moitié du sénat, des chevaliers et du peuple. Ce projet fut accueilli par le peuple avec des transports de joie. Camille, qui ne faisait que de sortir de la dictature, s'y opposa avec force. « Ce n'est pas qu'il ne lui fût honorable de voir habiter par des Romains une ville si fameuse, et qui était devenue sa conquête : il pouvait même penser que, plus il y aurait d'habitans, plus il s'y trouverait de témoins de sa gloire ; mais il croyait que c'était un crime de conduire le peuple romain dans une terre captive, et de préférer le pays vaincu à la patrie victorieuse. Il ajouta qu'il lui paraissait impossible que deux villes si puissantes pussent demeurer long-temps en paix, vivre sous les mêmes lois, et ne former cependant qu'une seule république ; qu'il se formerait insensiblement de ces deux villes, deux états différens, qui, après s'être fait la guerre l'un à l'autre, deviendraient à la fin la proie de leurs ennemis communs. » (VERTOT, *Révolutions de la République romaine.*)

Pour adoucir cependant la colère du peuple qui commençait à éclater, et le dédommager en quelque sorte de l'espoir qu'il avait conçu, Camille engagea le sénat à ordonner le partage des terres de Véies entre les chefs de famille. Cette libéralité changea la disposition des esprits ; le peuple se trouva satisfait, et laissa crier ces tribuns, qui voyaient toujours leur puissance affaiblie dans le bon accord des plébéiens et des patriciens.

Tout en fût peut-être resté là, si Camille n'eût rapporté qu'il avait, avant la prise de Véies, promis de sacrifier à Apollon la dixième partie du butin, mais que la confusion du pillage, les devoirs du commandement et la multiplicité des affaires lui avaient fait sortir de sa mémoire ce vœu, que l'on ne pouvait cependant négliger d'accomplir, sans offenser le dieu et attirer sa colère sur Rome. Ce remords de conscience fut un nouveau sujet de murmure pour le peuple, qui avait déjà dépensé la plus grande partie de ce qui lui était revenu du pillage de Véies. Les tribuns dirent que Camille, par une politique abominable, voulait décimer les biens du peuple, pour le tenir, par la misère même, dans une plus grande dépendance des patriciens. Le sénat, malgré ces plaintes et ces cris, n'en ordonna pas moins que tous ceux qui auraient la crainte des dieux estimassent la valeur de leur butin, et qu'ils apportassent aux questeurs le dixième de cette valeur, afin d'en faire une offrande digne de la piété et de la magnificence du peuple romain. La contribution s'acquitta; mais les tribuns profitèrent des nouveaux mécontentemens pour remettre en question la loi touchant la division des habitans de Rome. La guerre des Falisques vint à propos arrêter le cours de ces troubles. Camille fut élu, sous le nom de tribun militaire, pour aller contre les ennemis, et partit aussitôt pour placer le siége devant leur principale ville. Elle se rendit à la générosité du général romain. Un maître d'école lui ayant amené les enfans des principaux Falisques, dont il était chargé, Camille frémit d'horreur en voyant cette perfidie. *Apprends, traître*, lui dit-il, *que, si nous avons les armes à la main,* ce n'est pas pour nous en servir contre un âge qu'on épargne, même dans le saccagement des villes. Aussitôt il fit dépouiller ce perfide, et ordonna aux jeunes gens de le reconduire à coups de verges jusque dans la ville. Les Falisques, touchés de sa grandeur d'ame, se donnèrent de bon cœur aux Romains.

De pareils services méritaient des récompenses, et ne furent suivis que de l'ingratitude. Les tribuns du peuple revinrent encore au transport d'une partie des Romains à Véies, et voyant toujours Camille opposé à leur dessein, ils l'accusèrent d'avoir triomphé en roi, d'avoir feint un vœu qu'il faisait acquitter par les pauvres soldats, tandis qu'il avait détourné plusieurs choses du butin, et gardait encore chez lui certaines portes de bronze; ils terminèrent par l'assigner devant le peuple romain, pour y rendre compte de sa conduite à cet égard.

Camille, trop fier pour descendre à la justification et paraître comme accusé, aima mieux abandonner Rome et se condamner à l'exil. On rapporte qu'en sortant, il se tourna vers le Capitole, et pria les dieux que ses ingrats citoyens se repentissent bientôt d'avoir payé ses services par un si cruel outrage, et que leur propre calamité les obligeât de le rappeler. Il n'avait pas sans doute l'ame élevée d'Aristides qui, dans une semblable circonstance, fit une prière contraire.

Ses vœux ne furent que trop tôt accomplis. Les Gaulois ayant fait une irruption dans l'Italie, marchèrent vers Rome qui ne voulait pas réparer un tort de ses ambassadeurs, s'en emparèrent, et tinrent assiégés dans le Capitole les Romains qui n'avaient pu garder leurs murailles. Comme ils refusèrent de se rendre, Brennus, le général des Gaulois, fit raser la ville de Rome, et ne laissa que des ruines au lieu où l'on voyait, peu de jours auparavant, la cité la plus florissante de l'Italie.

Cependant Camille, qui s'était retiré à Ardée, ne put voir avec indifférence les malheurs de sa patrie ; s'étant mis à la tête des jeunes gens de cette ville, il tomba sur un parti de Gaulois qui fourrageaient, et en fit une horrible boucherie. A cette nouvelle, ceux des Romains qui s'étaient retirés à Véies accourent se ranger autour de lui, et le conjurent d'arracher Rome à sa perte. Il se défendit d'abord d'accepter aucun commandement, parce qu'il était banni : Mais Rome n'existe plus, lui dit-on. *Le Capitole est encore debout*, répliqua-t-il, *et le sénat y siége*. Il fut question d'avoir les ordres du sénat ; la chose était difficile : un jeune romain se chargea cependant d'y parvenir à travers les ennemis, et il revint bientôt avec le décret du sénat qui déclarait Camille dictateur. Ainsi cet illustre Romain passa de l'exil à la première dignité de son pays. Dans tout autre capitaine, dit Vertot, ce n'aurait été qu'un vain titre ; on ne lui donnait avec cette qualité, ni troupes, ni argent pour en lever. Il trouva tout cela dans son courage et dans cette haute réputation qu'il avait si justement acquise. On n'eut pas plutôt appris sa nouvelle dignité, qu'il accourut de tous côtés des soldats dans son camp, et il se trouva bientôt à la tête de quarante mille hommes, Romains ou alliés. Il disposa cette armée de manière qu'il tenait

(253)

en quelque sorte bloqués les Gaulois, qui eux-mêmes bloquaient le Capitole, et leur fit souffrir une disette semblable à celle qui régnait parmi les Romains assiégés. Dans ces circonstances, Brennus pressa le siége si vivement qu'il amena le sénat, qui ignorait l'état de Camille, à un accommodement. On convint que, moyennant mille livres d'or, les Gaulois leveraient le siége; mais quand il fut question de peser l'or, les barbares usèrent de faux poids, et Brennus, loin d'avoir égard aux justes plaintes des Romains, mit encore dans la balance son épée et son bouclier, en disant: *Malheur aux vaincus !*

Camille, qui avait appris les négociations, fit avancer son armée, et vint avec une escorte jusqu'au lieu de la conférence. A son arrivée, les députés du sénat lui ouvrirent le passage: *Romains*, dit-il, *remportez cet or ; c'est par le fer que nous renverrons les ennemis. Je suis dictateur,* dit-il ensuite à Brennus qui se plaignait qu'on rompît un traité déjà conclu, *et l'on ne peut rien arrêter sans moi.* L'attaque commença aussitôt, et les Romains combattirent avec tant de courage, que les Gaulois furent presque tous tués sur la place, ou dans leur fuite, par les habitans des villes prochaines.

Ce fut ainsi que Rome, qui avait été prise contre toute apparence, fut recouvrée par la valeur d'un exilé, qui sacrifia son ressentiment au salut de sa patrie. Mais, dit Vertot, s'il la sauva dans la guerre et par la voie des armes, on peut dire qu'il la conserva une seconde fois pendant la paix, et après en avoir chassé les ennemis. Cette Rome n'était plus qu'un amas de débris, et le peuple abattu de fatigues et sans moyens, ne se sentait pas le courage de la rétablir; Véies lui offrait avec plus d'attrait que jamais ses édifices et ses avantages, il voulait s'y établir. Camille s'y opposa encore une fois, et méprisant les cris séditieux des tribuns, il fit d'abord relever les temples et ensuite le reste de la ville. Ce fut l'ouvrage d'une année.

Camille rendit encore de grands services à sa patrie, et la fit toujours triompher de ses ennemis. Il fut dictateur cinq fois; il avait quatre-vingts ans lors de la dernière dictature, et parvint à détruire l'armée des Gaulois qui était encore revenue dans l'Italie. Il mourut de la peste qui ravagea Rome dans le cours de l'année qui suivit cette victoire.

BRENNUS,

GÉNÉRAL GAULOIS,

Vers l'an 396 avant notre ère.

La vie de Camille nous conduit à dire quelques mots de Brennus; ce Gaulois à demi-barbare mérite une place distinguée parmi les hommes dont on conserve le souvenir. J'observerai à cette occasion, qu'il est triste de voir nos Histoires de France ne commencer qu'avec l'établissement des *Francs*, comme si la contrée que nous habitons n'existait pas auparavant, et comme si les Gaulois n'étaient pas aussi nos aïeux. Ils nous font pour le moins autant d'honneur que ces Francs dont nous ignorons même l'origine. La Gaule n'est pas tant à dédaigner pour que nous rougissions de l'avouer pour notre mère-patrie ; et une horde de sauvages qui vient s'établir dans un pays aussi bien peuplé que l'était le nôtre, ne doit pas faire oublier les premiers habitans. Nous avons parmi nos aïeux moins de Francs que de Gaulois; ainsi, quoiqu'ayant changé de nom et de lois, notre pays doit plus à l'ancien peuple qu'au nouveau. Que notre histoire ne soit donc point écrite à moitié ; il est raisonnable qu'elle commence avec les premiers faits que l'on nous a transmis sur notre patrie. On croirait volontiers que nos historiens, plus jaloux de flatter nos rois que de remplir leur tâche, ont affecté de croire que ce qui se passa avant la fondation de la monarchie française ne valait pas la peine d'être rapporté. Quoique les Grecs et les Romains n'aient dit de nos ancêtres, qu'ils appelaient *barbares*, que ce qui avait quelque rapport à leurs affaires, ils en ont parlé de manière à faire voir qu'ils les regardaient comme les plus braves des peuples qui venaient du Nord leur faire la guerre. Dès le règne de Tarquin l'Ancien, les Gaulois faisaient déjà des irruptions en Italie ; c'était donc dès-lors un peuple nombreux et courageux, à qui il ne manquait que des chefs et des lois pour fonder un empire formidable, et les arts et les sciences pour immortaliser leurs actions. Brennus renversant presque l'empire romain, après avoir ravagé l'Italie sur sa route, annonce qu'il sortait d'un pays florissant, sinon par le commerce et tout ce qui fait nos richesses, au moins par la population, qui est la véritable richesse des nations. Cette population était même si grande, qu'elle nécessitait des émigrations considérables. Faisons-nous donc honneur de nos pères, et ne les rejetons point de notre histoire, comme s'ils étaient des étrangers.

Brennus fut un des Gaulois les plus renommés dans les temps anciens, et il ne dut cette réputation qu'au mal qu'il fit aux Romains. Après s'être ouvert un passage par les Alpes, il fondit sur la Lombardie, et vint assiéger *Clusium* en Toscane. Les habitans de cette ville, craignant de tomber sous sa puissance, implorèrent le secours des Romains, quoiqu'ils n'eussent d'autre motif pour l'espérer, sinon qu'ils n'avaient point armé dans la dernière guerre en faveur des Véiens, comme avaient fait la plupart des autres peuples de l'Étrurie. « Le sénat, qui n'avait aucune alliance particulière avec cette ville, se contenta d'envoyer en ambassade trois jeunes patriciens, tous trois frères, de la famille Fabia. Ces ambassadeurs étant arrivés au camp, furent introduits dans le conseil. Ils offrirent la médiation de Rome, et demandèrent à Brennus quelle prétention une nation étrangère avait sur la Toscane, ou s'ils avaient reçu en particulier quelqu'injure de ceux de la ville de Clusium. Brennus leur répondit fièrement que son droit était dans ses armes, et que toutes choses appartenaient aux hommes vaillans et courageux; mais que sans avoir recours à ce premier droit de nature, il se plaignait justement des Clusiens, qui, ayant beaucoup plus de terres qu'ils n'en pouvaient cultiver, avaient refusé de lui abandonner celles qu'ils laissaient en friche. Ils nous font, ajouta-t-il, le même tort que vous faisaient autrefois les Sabins, ceux d'Albe et de Fidène, et que vous font encore tous les jours les Èques, les Volsques et tous vos voisins, auxquels, les armes à la main, vous avez enlevé la meilleure partie de leur territoire ; ainsi cessez de vous intéresser pour les Clusiens, de peur de nous apprendre par votre exemple à défendre ceux que vous avez dépouillés de leur ancien domaine. »

» Les Fabius, irrités d'une réponse si fière, dissimulèrent leur ressentiment ; et sous prétexte de vouloir, en qualité de médiateurs, conférer avec les magistrats de Clusium, ils demandèrent à entrer dans la place. Mais ils ne furent pas plutôt dans la ville, qu'au lieu d'agir suivant leur caractère, et de faire les fonctions de ministres de la paix, ces ambassadeurs, trop jeunes pour un emploi qui exige une extrême prudence, s'abandonnant à leur courage et à l'impétuosité de leur âge, exhortèrent les habitans à une vigoureuse défense. Pour leur en donner l'exemple, ils se mirent à leur tête dans une sortie, et Q. Fabius, chef de l'ambassade, tua de sa propre main un des chefs des Gaulois. Brennus, justement irrité d'un pareil procédé, ne se gouverna point en barbare. Il envoya un héraut à Rome pour demander qu'on lui livrât ces ambassadeurs, qui avaient violé si manifestement le droit des gens; et, en cas de refus, cet envoyé avait ordre de déclarer la guerre aux Romains. » *(Vertot.)*

Le sénat n'eut point égard à la demande de Brennus; et le peuple, devant lequel cette affaire avait été renvoyée, fut tellement influencé par Fabius Ambustus, père des ambassadeurs, qu'il mit ces trois jeunes gens au nombre des tribuns militaires, que l'on créa chefs de l'armée qui fut levée pour être opposée aux Gaulois. Brennus n'eut pas plutôt appris ce qui s'était passé, qu'il marcha contre Rome. Les tribuns militaires sortirent de leur côté à la tête de quarante mille hommes, armée presque aussi forte que celle des Gaulois, mais qui étant bien moins disciplinée et commandée par trop de chefs, fut réduite à fuir presque dès le premier choc. Si les barbares eussent su jouir de leur avantage, et qu'ils eussent marché droit à Rome, au lieu d'employer des instans précieux à partager le butin, la république était perdue et le nom romain éteint. Mais les Romains eurent le temps de faire échapper leurs femmes, leurs enfans, leurs vieillards, et de se jeter dans le Capitole, où il n'était pas facile de les forcer. Le quatrième jour, Brennus s'approchant de Rome, en trouva les portes ouvertes, les murailles sans défense et les maisons désertes. Cette solitude lui fit d'abord craindre quelque embûche; mais assuré qu'il n'avait rien à craindre, il s'empara de sa conquête. Le premier spectacle qui attira l'attention des Gaulois, fut les plus anciens sénateurs qui s'étaient placés devant les portes de leurs maisons, dans leurs chaises curules, et revêtus de leurs plus riches habillemens; ils s'étaient dévoués à la mort. Cette sorte de dévouement, dit Vertot, faisait partie de la religion, et les Romains étaient persuadés que le sacrifice volontaire que leurs chefs faisaient de leur vie aux dieux infernaux, jetaient le désordre et la confusion dans le parti ennemi. Leur aspect en imposa d'abord aux Gaulois ; un de ceux-ci cependant s'avisa de porter doucement la main sur la barbe d'un des plus vénérables vieillards. Le sénateur ne s'accommodant point de cette familiarité, lui déchargea un coup de son bâton d'ivoire sur la tête. Le soldat, pour s'en venger, le tua aussitôt : ce fut le signal du massacre de tout ce qui restait dans la ville. Brennus fut ensuite poser le siége devant le Capitole, et ce siége qui dura sept mois, finissant par l'ennuyer, il fit raser la ville pour punir les Romains de leur généreuse résistance. Nous avons dit, dans la vie de Camille, comment tournèrent les choses. Nous ajoutons que la mauvaise foi que l'on reproche au général gaulois, quand il fut question de peser l'or, peut, jusqu'à certain point, être mise en doute : les historiens romains seuls la rapportent, et il n'y aurait rien d'étonnant qu'ils eussent pris plaisir à jeter de l'odieux sur un ennemi dont le souvenir les humiliait. D'ailleurs, en recevant ce qu'ils disent comme une vérité historique, on doit observer que Brennus rendait, par un manque de foi, aux Romains le mépris qu'ils avaient fait du droit des gens. Quoi qu'il en soit, malgré le revers qu'il éprouva, on ne peut disconvenir que ce général ne fût un homme hors de la ligne commune ; et les Gaulois eux-mêmes avaient inspiré une telle frayeur aux Romains, que ceux-ci firent une loi qui ordonnait aux prêtres de prendre les armes, seulement lorsqu'il serait question de faire la guerre à ceux de cette nation ; dans toutes les autres circonstances ils étaient dispensés d'aller à la guerre.

PHILIPPE,

ROI DE MACÉDOINE,

Vers 360 avant notre ère.

Philippe, deuxième du nom, et dix-septième roi de Macédoine, fut dans sa première jeunesse retenu en ôtage à Thèbes. Ce fut alors qu'il lia amitié avec Epaminondas, et qu'il étudia les lettres et

la philosophie. Son frère Alexandre, qui était l'aîné, n'ayant régné qu'un an, laissa, par sa mort, le royaume de Macédoine à Perdiccas. Celui-ci fut tué dans une bataille, après cinq ans de règne; et Philippe, qui était le dernier né, s'étant échappé de Thèbes, vint dans la Macédoine, où il fut reconnu roi, l'an 360 avant notre ère. Les pertes qu'avaient éprouvées ses frères, avaient mis les affaires dans un très-mauvais état; mais le génie du jeune prince sut remédier à tout; il s'occupa sur-tout de la discipline militaire, et se vit bientôt assez fort pour résister à ses ennemis. Quoiqu'il eût tout fait pour se confier en ses armes, il avait encore d'autres moyens de vaincre, et il faut avouer qu'il songeait plutôt à parvenir au but qu'à y parvenir par une voie seulement honorable: son or lui servait autant que ses soldats, et il ne négligeait rien pour corrompre ceux de ses ennemis qui pouvaient lui être utiles, ou qu'il désespérait de vaincre par la force. Dans le commencement, ce fut par une politique aussi juste qu'utile qu'il eut recours à ce moyen. Les
Illyriens,

Illyriens, les Péoniens et les Thraces, croyant pouvoir profiter de sa jeunesse, firent plusieurs courses dans la Macédoine; Philippe désarma ces deux derniers peuples par des présens, et l'autre n'osa remuer. Il fut ensuite porter la guerre aux habitans d'Amphipolis, s'empara de la ville, en chassa ceux qui lui étaient opposés, et traita avec beaucoup de douceur les autres. La prise de cette ville servit beaucoup à son accroissement : elle lui facilita la prise de Pidne, et l'alliance qu'il fit avec les Olynthiens, que les Athéniens recherchaient également. Il prit aussi Potidée, dont la garnison, composée d'Athéniens, fut très-bien traitée et renvoyée avec les honneurs de la guerre.

Les Athéniens, peu sensibles à son attention, armèrent pour lui ôter la couronne; mais Philippe les vainquit auprès de Méthonte, et fit un grand nombre de prisonniers qu'il renvoya sans rançon. Sa générosité toucha cette fois-ci les Athéniens, qui recherchèrent son alliance et l'obtinrent. Il s'occupa ensuite des Illyriens qui le harcelaient sans cesse, et les mit hors d'état de lui pouvoir nuire.

Le besoin qu'il avait d'argent lui fit tourner une partie de son attention vers Crénides, ville à laquelle il fit porter son nom, et qui, dans ses environs, possédait des mines d'or considérables. Il mit beaucoup d'ouvriers dans ces mines, et fut le premier qui fit battre en son nom la monnaie d'or. Les richesses qu'il retira furent employées à lui acquérir des espions et des partisans dans toutes les villes importantes de la Grèce, et à faire des conquêtes sans la voie des armes. Dans le temps qu'il se portait dans la Thrace et qu'il assiégeait Méthon, petite ville de cette contrée, il eut l'œil droit crevé par une flèche que lui envoya *Aster* (1).

---

(1) Cet *Aster*, citoyen d'Amphipolis, s'était présenté à Philippe comme un tireur d'arc si habile, qu'il tuait les oiseaux à la volée. *Dans ce cas*, dit Philippe, *je te prendrai à mon service quand je ferai la guerre aux étourneaux.* Aster, piqué, chercha à se venger, et en trouva l'occasion au siége de Méthon; il décocha un trait qui portait cette inscription : *Aster en-*

Depuis long-temps il méditait le projet d'envahir la Grèce. Il fit la première tentative sur Olynthe, colonie et rempart d'Athènes. Démosthènes alors était dans toute sa force et toute sa gloire : son éloquence étonnante faisait tant d'impression sur les peuples, qu'il les déterminait facilement à combattre pour la cause commune, lors même que chacun en particulier désespérait de réussir. Ce grand orateur et le vertueux Phocion étaient les deux hommes de la Grèce que Philippe redoutait le plus. Démosthènes engagea les Athéniens à envoyer dix-sept galères et deux mille hommes au secours d'Olynthe. Mais tous ces efforts furent inutiles contre les ressources de Philippe : ce prince corrompit les principaux citoyens d'Olynthe, et la ville lui fut livrée. Maître de cette place, il la détruisit de fond en comble, et gagna les villes voisines par les largesses et par les

---

voie ce trait à Philippe. Le roi fit renvoyer le même trait avec cette autre inscription : *Philippe fera pendre Aster quand il aura pris la ville;* et c'est ce qui arriva.

fêtes qu'il donna au peuple. Il tomba ensuite sur les Phocéens, et les vainquit. En suivant toujours son plan, il se fit déclarer chef des amphictyons (1), et leur fit ordonner la ruine des villes de la Phocide.

La Grèce découvrit enfin le but de sa politique. Philippe alors, pour distraire

___

(1) Les amphictyons composaient la plus célèbre assemblée de la Grèce; ils formaient comme les états-généraux de tous les gouvernemens, et le but de leur institution était d'entretenir l'union et la concorde parmi les Grecs, et de veiller à la sûreté et au bon ordre de toute la Grèce. Ces magistrats s'assemblaient deux fois l'année, au printemps et en automne. Toutes les villes de la Grèce envoyaient des députés à ces assemblées, et chacun de ces députés n'était admis qu'après avoir juré avec les plus terribles imprécations, qu'il travaillerait de tout son pouvoir au bien commun. Le pouvoir des amphictyons assemblés était considérable; ils jugeaient en dernier ressort toutes les affaires publiques, de même que celles des particuliers; ils avaient même le droit de déclarer la guerre ou de provoquer la paix. La connaissance des différends qui s'élevaient entre les villes amphictyoniques leur appartenait de droit.

les esprits sur ses desseins, se retira dans la Macédoine, et fit la guerre contre les Illyriens, les Thraces et la Chersonèse; dans la suite il tourna ses armes contre l'Eubée, île qu'il nommait, à cause de sa situation, les entraves de la Grèce. Son or et ses armes le rendirent maître d'une partie du pays; mais *Phocion*, qui entendait la guerre aussi bien que lui, et que rien ne pouvait corrompre, vint bientôt lui arracher cette conquête. Philippe voyant qu'il y avait peu de chose à gagner et beaucoup à perdre contre ce héros, porta la guerre aux Scythes, et fit sur eux un butin considérable.

Il ne changea pas pour cela ses vues sur la Grèce; il revint contre elle; mais il fit, par une exception honorable, offrir la paix à la république d'Athènes. Phocion, qui prévoyait l'avenir, conseillait aux Athéniens de l'accepter; Démosthènes, qui, au contraire, ne consultait que sa passion, les engageait à la guerre, et ils eurent le malheur de l'écouter. Phocion fut éloigné du commandement, et les armées mal dirigées furent battues par Philippe. Ce fut à Chéronée que l'on en vint aux mains, l'an 338 avant l'ère vulgaire. Philippe érigea un trophée, offrit des sacrifices aux dieux, et se livra à la débauche dans une fête qu'il ordonna pour célébrer son triomphe. Dans l'ivresse de sa joie et du vin qu'il avait bu, il s'abaissa jusqu'à insulter les prisonniers. L'orateur *Démades*, qui se trouvait du nombre, osa lui reprocher cette action indigne d'un roi : *Tu peux faire le rôle d'Agamemnon*, lui dit-il, *et tu n'agis que comme un Thersite*. Philippe avait de la noblesse dans l'ame ; ce reproche, qui eût irrité un autre vainqueur, le rappela à lui-même : il en sut même tant de gré à Démades, qu'il le traita en ami, fit rendre les prisonniers sans rançon, et donna la paix aux Athéniens. Il répondit, dans cette occasion, à ceux qui le portaient à user de plus de rigueur à l'égard des vaincus, qu'*ils avaient tort de conseiller à un prince qui faisait et souffrait tout pour la gloire, de détruire le premier théâtre de gloire qui existât*, c'est-à-dire, Athènes, l'asyle des lettres et le berceau des hommes les plus instruits et les plus éloquens. Ces nobles sentimens jettent, en quelque sorte, un voile sur l'ambition démesurée de Philippe. Cette ambition le ramena à son projet favori, qui était de se faire déclarer généralissime des Grecs, et de porter, à leur tête, la guerre au roi de Perse. Il fut effectivement chef, comme il le desirait; mais comme il se préparait à exécuter le grand dessein qu'il avait conçu, il fut assassiné par un de ses mignons, nommé *Pausanias*, qui commit ce crime pour se venger de ce que son maître lui avait retiré sa faveur. Il avait alors quarante-sept ans, et en avait régné vingt-quatre.

Moins d'ambition, ou une ambition mieux dirigée, eût fait de Philippe un véritable grand homme. Il avait du génie, de l'activité; mais sa politique astucieuse le ramenait toujours à de petits moyens. Un jour on lui observait qu'une citadelle qu'il voulait emporter, était si bien défendue par la nature, qu'on ne pouvait y parvenir : *Quoi*, dit-il, *on ne pourrait pas même y faire entrer un petit âne chargé d'or?* Il corrompit une partie des principaux citoyens des républiques grecques, et les accoutuma ainsi à mépriser leur liberté ; aussi ce brillant éclat que jetait la Grèce, s'éteignit-il à partir de son règne. Il avait une maxime exécrable, qui était qu'*on amuse les enfans avec des jouets, et les hommes avec des sermens* : sa conduite politique n'avait pas d'autre base que cette maxime.

C'était cependant un homme qui, dans nombre d'occasions, se montrait avec toute la modération et la justice que l'on peut attendre d'un roi. Celui qui, à la voix de Démades, prisonnier, s'arrêtait au milieu d'une action honteuse, n'était pas un prince ordinaire ; mille autres à sa place eussent puni l'Athénien, précisément parce qu'ils auraient eu tort. Il connaissait toute l'étendue de ses devoirs. Une femme qui voulait porter une plainte devant lui, ayant été renvoyée sous le prétexte qu'il n'avait pas le temps de l'entendre, osa lui dire : *Cesse donc d'être roi ;* et cette hardiesse, loin d'irriter Philippe, ne fit que le rappeler à lui : il écouta cette femme et ceux qui se présentèrent après elle. Un de ses parens lui demandant grace pour un homme criminel, il répondit en prince intègre : *Il vaut mieux que le déshonneur retombe sur le coupable, que sur moi qui suis son juge.* Ce dont il se glorifiait le plus, dit Cornélius-Népos, c'était de sa prudence militaire et des affaires qu'il avait adroitement maniées ; il mettait l'honneur qui lui en revenait bien au-dessus de la gloire que lui avaient acquise les armes. *Tous ceux qui combattent*, disait-il, *ont part à la victoire ; quant aux choses dont je suis venu à bout pour les avoir conduites avec sagesse, l'honneur n'en est dû qu'à moi seul.* Ayant un jour sommeillé pendant que l'on plaidait une cause devant lui, il sembla ne s'éveiller que pour rendre le jugement. *J'en appelle*, s'écria celui que ce jugement lésait. *Et à qui ?* demanda le roi étonné. *A Philippe éveillé*, répliqua le plaignant. Philippe sentit sa faute, cassa le jugement, et examina l'affaire avec soin. Il était libéral, et se plaisait à fermer la bouche de ses ennemis par des bienfaits. Un Achaïen, dit Cornélius-Népos, semblait faire profession de médire de lui, et d'engager chacun à fuir si loin de Philippe, qu'on ignorât même quel homme c'était. Cet Achaïen étant venu par la suite dans la Macédoine, les courtisans poussèrent Philippe à le châtier, tandis qu'il était entre ses mains. Le roi lui parla, au contraire, avec douceur, et lui fit porter des présens jusque dans son logis. Quelque temps après Philippe demanda ce que cet Achaïen disait encore de lui parmi les Grecs. Il vous loue beaucoup, lui répondit-on. *Vous voyez donc*, reprit le roi à ses courtisans, *que je connais mieux que vous quel remède il faut à la médisance.* Une autre fois, comme on l'engageait encore à se venger des Grecs qui, dans les jeux olympiques, avaient mal parlé de lui, après tous les bienfaits qu'ils en avaient reçus, il se contenta de dire : *Et que diraient-ils donc, si nous leur avions fait du mal ?* On accusait devant lui Nicanor, qui en parlait très-mal aussi. *Nicanor est un homme de bien*, dit-il ; *il ne s'agit pas de le châtier, mais de savoir si la faute ne vient pas de nous.* Il apprit en effet que Nicanor était fort pauvre, et que l'on ne l'avait jamais aidé dans ses besoins. Il lui fit aussitôt porter tout ce qui pouvait changer sa situation, et Nicanor lui prodigua les louanges. *Vous voyez donc encore,* dit Philippe, *qu'il est en notre pouvoir de faire bien ou mal parler de nous.* Il avait coutume de dire qu'il devait de la reconnaissance aux harangueurs d'Athènes, parce que, médisant sans cesse de lui, ils l'obligeaient à se rendre plus homme de bien de parole et de fait : *Je tâche de les faire trouver menteurs,* ajoutait-il. Un jour qu'il assistait à la vente des prisonniers qu'il avait faits en une bataille, un de ces derniers dit à haute voix : *Philippe, je te prie de m'accorder ma grace, à moi qui suis ton ami. Et de quel côté?* demanda le roi. *Je ne puis te l'apprendre qu'en secret,* répliqua le prisonnier. Philippe le fit approcher. Le prisonnier lui dit alors à voix basse : *Rabaisse un peu ton manteau, car tu es dans une posture indécente.* Le prince lui sut gré de cet avertissement, et commanda qu'on le mît en liberté, en disant : *C'est en effet un de mes amis, je ne m'en souvenais plus.*

Ces reparties et ces actions font beaucoup d'honneur à Philippe ; et, en les comparant à sa politique, il faut convenir qu'en lui l'homme valait mieux que le roi.

PHOCION,

GÉNÉRAL ATHÉNIEN,

Né vers 400 ans avant notre ère.

Il faut que la vertu soit bien environnée de piéges, puisque si peu d'hommes quittent la vie avec une réputation intacte. Phocion est du petit nombre de ceux qui ont résisté au torrent qui entraîne plus ou moins les autres, et un effort aussi glorieux ne l'a sauvé ni des atteintes de la calomnie, ni de l'injustice de ceux pour qui sa vie avait été un bienfait. Il fut vertueux comme Aristides, et plus malheureux encore. Ce grand homme fut disciple du sage Platon et du rigide Xénocrate ; son caractère eut beaucoup de ressemblance avec celui de ce dernier philosophe. On disait de lui qu'on ne l'avait jamais vu rire ni pleurer, ni se baigner dans une étuve publique, ni porter ses mains hors de sa robe, quand il avait un vêtement long. Quoique son caractère fût doux et humain, sa physionomie avait une dureté qui repoussait ceux qui ne le connaissaient point. Un jour l'orateur *Charès* se moquait de la sévérité de ses sourcils, et le peuple ne put s'empêcher de rire. *Riez, Athéniens*, dit Phocion, *riez de la sévérité de mes sourcils; elle ne vous a jamais fait de mal, et l'air gracieux des beaux parleurs vous a souvent fait pleurer.* Ses discours répondaient à l'austérité de sa figure; il ne flattait point le peuple, mais il lui disait le bien. Quoique très-éloquent, il cherchait toujours à parler le moins possible. Un de ses amis, qui le voyait pensif, lui demanda ce qui l'occupait : *Je cherche*, répondit-il, *si je pourrais retrancher quelque chose de ce que j'ai à dire aux Athéniens.* Démosthènes lui-même le craignait, et il avait coutume de dire à ses amis, chaque fois que Phocion allait parler : *Voilà la hache de mes discours qui se lève.* Ses mœurs ne démentaient point ses paroles.

On ne connaît point son origine, et il est à croire que sa famille était peu considérable. Dans sa jeunesse il apprit l'art militaire sous Chabrias, et se distingua de manière à attirer l'attention du peuple sur lui; mais il ne voulut pas, comme c'était déjà la coutume de son temps, opter entre la guerre ou la politique; il fut, comme avaient été Périclès, Aristides et Thémistocles, habile politique et grand guerrier. Quoiqu'il eût été élu quarante-cinq fois général des Athéniens, qu'il eût presque toujours eu des succès, personne n'engagea plus que lui sa république à rechercher la paix; il était trop honnête homme pour ne pas préférer le bonheur de sa patrie à sa gloire personnelle; il ne se dissimulait point qu'Athènes, flattée par ses orateurs, s'exagérait ses forces, et qu'elle avait plus besoin de se faire des alliés que des ennemis. Souvent, à cette occasion, il mit le peuple contre lui. Ce même peuple, cependant, l'estimait à tel point qu'il n'avait recours qu'en lui dans les circonstances difficiles ; et il le nomma toujours aux différens emplois qu'il occupa, sans que jamais il eût fait la moindre démarche pour avoir des suffrages, et même pendant son absence des assemblées publiques. Phocion paraissait toujours d'un avis contraire à celui de la commune. Un jour il fut si étonné de voir que l'on approuvait généralement ce qu'il venait de proposer, qu'il demanda à ses amis *s'il ne lui était pas échappé de dire quelque sottise.* Une autre fois, au contraire, où son conseil avait tellement déplu qu'on ne voulait pas l'entendre, il s'écria : *Athéniens, vous pouvez bien me forcer à faire ce qui doit être entendu, mais à dire ce que je ne pense pas, c'est ce qui vous est impossible.* Démosthènes, le voyant toujours opposé aux autres citoyens, lui dit que le peuple le tuerait quelque jour, s'il entrait en fureur : *Et toi aussi*, répliqua Phocion, *s'il revient à son bon sens.* Un certain orateur suait, soufflait beaucoup, et buvait de temps en temps pour achever une harangue par laquelle il engageait les Athéniens à faire la guerre à Philippe : *Vraiment*, dit Phocion, *c'est bien à lui de vous inviter à la guerre ! Que fera-t-il donc devant l'ennemi, et chargé de ses armes, si pour réciter une harangue, qu'il a apprise à son aise, il est en danger de crever ou d'étouffer devant vous ?* Il y avait, dit Plutarque, un autre grand plaideur, nommé Aristogiton, qui, en toutes assemblées de ville, ne faisait autre chose que corner la guerre ordinairement et présager les armes au peuple ; puis quand il fallut lever les gens et enrôler les noms de ceux qui devaient aller à la guerre, il s'en vint en la place, appuyé sur un bâton, les deux jambes bandées, pour faire accroire qu'il était malade ; et Phocion l'appercevant de tout loin dessus la tribune aux harangues, cria tout haut au secrétaire qui écrivait les rôles : *Écris aussi Aristogiton lâche et méchant, qui contrefait le boiteux.*

« Je m'émerveille quelquefois, ajoute Plutarque, comment ni pourquoi un homme aussi âpre et sévère, comme il appert par ces exemples qu'il a été, eut oncques le surnom de *bon*. » Le même écrivain en donne pour raison que Phocion ne montrait cette aspérité qu'à ceux qui flattaient le peuple, et au peuple lui-même quand il était près de faire quelque chose de contraire à ses intérêts. Du reste, *c'était un homme doux, gracieux, courtois et humain à tout le monde, jusques à hanter prudemment avec ceux qui lui étaient adversaires, et les secourir en leurs affaires, s'ils venaient à tomber en quelque danger et en quelque adversité.*

Au surplus, la confiance qu'inspirait Phocion était si grande, que lorsqu'il sortait du port d'Athènes quelque armée, s'il n'était point général, les habitans des villes maritimes alliées des Athéniens se fortifiaient, fermaient leurs ports, et rentraient dans leurs murailles tout ce qu'ils avaient de plus précieux, *comme s'ils eussent été ennemis déclarés en guerre ouverte; mais, au contraire, si Phocion en était chef, ils allaient jusque bien loin devant avec leurs vaisseaux couronnés de festons et de chapeaux de fleurs, en signe de réjouissance publique, et le conduisaient eux-mêmes dans leurs maisons.*

Après avoir invité vainement les Athéniens à rechercher l'amitié de Philippe, roi de Macédoine, il fut envoyé contre lui, et le força à se retirer avec de grandes pertes. Quoique vainqueur, il n'en changea point de sentiment, et engagea toujours ses concitoyens à se faire un ami de Philippe. Il les y engageait plus fortement que jamais avant la guerre où ils furent vaincus, lorsqu'un orateur s'avisa de lui dire : Comment oses-tu bien distraire les Athéniens de cette guerre, quand ils ont déjà les armes à la main ? *Oui, certes, je l'ose,* répondit Phocion, *quoique je sache très-bien que, si la guerre a lieu, je te commanderai, et que si nous avons la paix, c'est toi qui me commanderas.* Il ne fut point général cette fois cependant ; on ne lui remit le pouvoir qu'après la défaite, et lorsque Philippe, qui voulait être généralissime des Grecs, donna la paix aux Athéniens à condition qu'ils fourniraient leur contingent. A la mort du roi de Macédoine, Athènes, qui se crut délivrée, éclata en signes de joie; Phocion, avec son âpreté ordinaire, retint cette joie qu'il ne pouvait approuver. *C'est lâcheté*, dit-il, *que de se réjouir de la mort d'un homme : songez plutôt que l'armée qui vous a défaits à Chéronée, n'est diminuée que d'une seule tête.* Il avait raison. Alexandre, qui succéda à son père, pouvait devenir un ennemi plus terrible encore. Phocion, qui savait le prévoir, voyait avec peine que Démosthènes et les autres orateurs excitaient de toutes leurs forces, par leurs injures journalières, ce jeune roi à la vengeance. Alexandre ayant déjà fait raser Thèbes, tourna effectivement ses vues sur Athènes, et demanda, si l'on voulait arrêter ses armes, qu'on lui envoyât plusieurs orateurs, et, entre autres, Démosthènes, qui ne cessait point de déclamer contre lui. Le peuple, ne sachant que répondre à cette demande, se tourna vers Phocion; celui-ci se leva, et dit : *Je m'estimerais heureux de pouvoir sauver ma patrie au prix de mes jours;*

je suis donc d'avis qu'on livre ceux qu'Alexandre demande, et cet avis me paraît d'autant plus juste, qu'il s'agit de ceux mêmes qui nous ont poussés dans la triste situation où nous nous trouvons. J'ai, autant que personne, compassion des infortunés qui, échappés des ruines de Thèbes, se sont retirés parmi nous; mais je pense qu'il vaut mieux que les Grecs regrettent la perte d'une ville que celle de deux; et, puisque nos armes ne peuvent l'emporter, il est plus sage d'avoir recours aux prières qu'à une guerre où nous sommes certains de périr.

Ce peu de mots apprend quelle fut la politique de Phocion : il connaissait la faiblesse de sa patrie ; et c'est pour avoir conseillé à ses concitoyens d'agir suivant leur situation, qu'il fut condamné par eux. Quoi qu'il en soit, la nécessité cette fois fit recourir à la supplication ; on envoya des députés, mais Alexandre ne voulut point les écouter : on renvoya Phocion ; Alexandre savait que c'était le plus homme de bien de la Grèce, et il le reçut avec respect. Ce sage Athénien profita de la bienveillance que lui montrait le jeune vainqueur; il supplia Alexandre de ne point tourner ses armes contre la Grèce : *C'est contre les barbares qu'il faut les porter*, lui dit-il ; et il lui donna de si bonnes raisons, que le roi ne balança pas à suivre ses conseils. C'est ainsi que Phocion sut détourner le terrible orage qui menaçait sa patrie. Alexandre le traita avec des égards dignes de l'un et de l'autre ; et, dans le cours de ses prospérités, voulant reconnaître combien il devait aux conseils que lui avait donnés Phocion, il lui envoya un présent de cent talens (trois cent mille francs). *Et pourquoi*, demanda Phocion, *Alexandre m'a-t-il choisi entre les Athéniens pour recevoir une si grosse somme ? — Parce qu'il vous estime le seul homme de bien*, lui répondirent les députés. *— Qu'il me laisse donc ce titre*, répliqua Phocion. Les députés ne se rendant point pour cette raison, le suivirent jusque chez lui, et furent très-étonnés de voir la simplicité qui y régnait : son épouse était alors occupée à pétrir le pain, et lui-même tira l'eau qui lui était nécessaire pour se laver les pieds. Ils redoublèrent leurs instances, et dirent que ce serait en quelque sorte une honte que l'ami d'Alexandre vécût aussi pauvrement. *Je suis content de ce que je possède*, répondit Phocion; *et si je prends cette somme pour ne point m'en servir, je ne serai pas plus avancé que si je ne l'eusse pas reçue : si je m'en sers, les Athéniens blâmeront votre roi et ma conduite.* Le présent fut donc remporté, *servant de noble exemple à tous les Grecs*, dit Plutarque, *pour leur donner à connaître que plus riche était celui qui n'avait que faire de tant d'or et d'argent, que celui qui le lui envoyait.* Alexandre fut fâché du refus de Phocion ; et, revenant à la charge, dit qu'il ne pouvait regarder comme ses amis ceux qui ne voulaient rien recevoir de lui. Phocion alors lui demanda la liberté de quatre personnes retenues prisonnières à Sardes ; ce qui lui fut aussitôt accordé. Mais c'était peu pour la générosité d'Alexandre, il offrit encore à Phocion le choix d'une ville de l'Asie dans quatre qu'il lui indiqua. Le sage Athénien refusa constamment de si grands bienfaits, quoiqu'il eût devant lui l'exemple de mille autres que l'or de Philippe ou de son fils avaient enrichis d'une manière moins honorable. Harpalus, lieutenant d'Alexandre, ayant fui de l'Asie avec des sommes immenses, s'en vint à Athènes : aussitôt les orateurs qui faisaient commerce de leur langue coururent en foule au-devant de lui, et reçurent de grands présens ; mais il envoya de lui-même sept talens à Phocion, pour le mettre dans ses intérêts. Celui-ci indigné, lui dit qu'il le ferait repentir, s'il continuait de corrompre les mœurs des Athéniens. Cependant ceux qui avaient reçu des présens n'ayant pas eu honte d'accuser Harpalus, afin d'éloigner d'eux les soupçons, Phocion alors en eut pitié, et lui sauva la vie. C'est encore là un de ces traits qui le caractérisent.

Enfin, après avoir joui d'un bonheur constant jusqu'à près de quatre-vingts ans, ce grand homme devint l'objet de la haine et de la fureur de ses concitoyens ; ils l'accusaient de la mort de Démosthènes, d'a-

voir livré la république entre les mains d'*Antipater*, et d'avoir fait bannir les citoyens qui avaient défendu avec le plus de zèle les droits du peuple : c'était l'accuser des malheurs d'Athènes, et non de ses fautes. Phocion, comme nous l'avons vu, avait toujours engagé ses concitoyens à se soumettre avec résignation à leur mauvaise fortune, de peur qu'ils n'attirassent sur eux de plus grandes calamités : ces conseils avaient toujours déplu ; et quand les malheurs qu'il prévoyait eurent fondu sur les Athéniens, ceux-ci l'accusèrent de ces conseils mêmes, comme s'ils eussent été les complots qui avaient hâté leur perte. Phocion fut condamné à la mort avec quelques autres citoyens par le peuple ; il se rendit en Macédoine pour se justifier ; mais le décret qui le condamnait y fut ratifié. On le ramena ensuite à Athènes dans un chariot, parce qu'il ne pouvait aller à pied, à cause de son grand âge. Le peuple accourait en foule de tous côtés ; les uns le maudissaient, et les autres, se rappelant son ancienne réputation, avaient pitié de sa vieillesse. Il voulut se justifier devant
le

le peuple; mais ceux qui le faisaient périr, craignant qu'il ne se justifiât effectivement, l'empêchèrent toujours de parler. Il se résigna alors, et attendit la mort avec la fermeté d'un sage. Le peuple, qui est le même par-tout, se plaisait à insulter cet illustre infortuné; un de ses ennemis fut même jusqu'à lui cracher au visage; Phocion, toujours calme, se tournant vers les magistrats, se contenta de dire: *Ne ferez-vous jamais cesser l'insolence de cet homme?* Un de ses amis le plaignait d'un sort si cruel. *Je m'y étais attendu*, répondit-il; *c'est ainsi qu'ont fini presque tous les grands hommes d'Athènes.*

Ceux qui étaient condamnés à mort avec Phocion ayant bu la ciguë les premiers, il n'en resta plus pour lui. Le bourreau dit qu'il n'en broyerait point d'autre, si on ne lui donnait auparavant douze drachmes, qui étaient le prix de la quantité nécessaire. Comme cette demande occasionnait du retard, Phocion pria un de ses amis de donner cette somme au bourreau, ajoutant qu'*il n'était pas possible, à Athènes même, de mourir sans argent.*

Le peuple porta si loin sa haine pour cet infortuné vieillard, qu'aucune personne libre n'osa lui rendre les derniers devoirs, et que ses restes furent recueillis par des esclaves. Une dame de Mégare les ayant obtenus, les fit enterrer sous son foyer, pour attendre l'instant où les Athéniens, revenus de leur erreur, lui rendraient les honneurs qui lui étaient dus. Ce temps ne fut pas éloigné; ce peuple, léger dans sa fureur, reconnaissait facilement ses fautes; il éleva une statue à l'homme de bien qu'il avait condamné : ses accusateurs reçurent le prix de leur crime, et l'injustice fut réparée autant qu'il était possible de le faire.

DÉMOSTHÈNES,

TRÈS-CÉLÈBRE ORATEUR ATHÉNIEN,

Mort l'an 332 avant notre ère.

Démosthènes était fils d'un homme assez à son aise, qui faisait valoir une forge où l'on fabriquait des épées. De-

meuré orphelin dès l'âge de sept ans, il fut remis entre les mains de tuteurs de mauvaise foi, qui lui dérobèrent une partie de son bien, et laissèrent périr l'autre; ils portèrent même l'avarice jusqu'à ne pas vouloir payer des maîtres pour lui donner une instruction digne de sa fortune. Cette négligence coupable, jointe à la faible complexion de l'enfant, qui faisait craindre à sa mère de trop l'occuper, fut cause qu'il n'apprit que peu de choses dans ses premières années. Mais ayant eu occasion d'entendre un bon orateur, il en fût tellement frappé, et les honneurs qu'il lui vit rendre l'émurent si vivement, qu'il n'eut plus d'autre desir que d'acquérir un aussi beau talent, et une gloire aussi honorable. Il ne put étudier l'art oratoire sous le célèbre Isocrate, parce que ses moyens ne le lui permettaient pas; mais il se procura ses ouvrages, et les lut avec le plus grand soin. Le premier essai qu'il fit de ses talens, fut contre ses tuteurs qu'il fit condamner à lui rendre compte des biens qu'ils avaient reçus de son père. Encouragé par cet heureux début, il voulut se mêler des affaires publiques, et vint sur la place d'Athènes pour y donner aussi son avis sur les besoins de l'état; mais cette fois-ci il ne réussit pas si bien : le peuple s'ennuya de la longueur de ses périodes, se moqua de sa manière de parler, et fit tant de bruit, qu'il fut contraint de se taire. Il revint cependant une autre fois à la charge, et fut encore si mal reçu, qu'il fut sur le point de renoncer à l'art oratoire. Un de ses amis, acteur tragique, qui vit d'où venait la faute, le détourna d'un pareil dessein; il lui fit sentir que sa manière de déclamer était sans action, et lui enseigna l'art d'accompagner le discours du geste et de l'accent qui lui donnent en quelque sorte une ame. Démosthènes se mit de nouveau à étudier. Pour être moins distrait dans ses études, il fit faire une espèce de caveau, qui du temps de Plutarque existait encore. Il y descendait tous les jours, pour former son geste et sa prononciation, pour exciter sa voix, et il apportait tant de zèle à cet exercice, que souvent il était deux ou trois mois sans sortir, se faisant même raser la moitié de la tête, pour se mettre dans l'impossibilité de paraître en public.

Ce ne fut qu'à force de travail que Démosthènes acquit le talent qui lui valut tant de gloire. La nature semblait l'avoir formé de manière à lui interdire l'espoir de réussir, même médiocrement : il était peu robuste, avait une voix faible, et une prononciation grasse qui l'empêchait d'articuler toutes les syllabes ; mais il ne négligea rien pour surmonter ces obstacles. Pour donner plus de force à sa voix, il déclamait souvent aussi haut qu'il lu était possible, en montant avec vîtesse les collines ; et pour s'accoutumer au tumulte du public, il prononçait des harangues sur le bord de la mer, dans des temps d'orage, et remplissait sa bouche de petits cailloux, afin de trouver sa langue plus libre lorsqu'il les avait rejetés.

Tant de peine et de persévérance furent couronnées par le plus brillant succès; Démosthènes devint un si grand orateur, que personne depuis ne l'a égalé. Cicéron a marché de près sur ses traces : il fut plus brillant, plus fleuri, mais il n'eut point cette force qui distinguait l'orateur grec. Démosthènes commença à se distinguer en parlant contre Philippe : le sujet était digne de son éloquence, et il acquit en peu de temps une si grande réputation, qu'il conduisit presque à sa volonté les affaires des Athéniens. Il les détermina, comme nous avons déjà dit, à déclarer la guerre à Philippe qui recherchait leur amitié : sans doute il prévoyait que ce roi astucieux ne manquerait pas, avec son or, de se rendre maître d'une ville qu'on pouvait sauver par les armes. Les Athéniens, sous la conduite de Phocion, eurent d'abord des avantages, mais ils furent ensuite défaits, ainsi que nous l'avons rapporté. Démosthènes n'avait pas une valeur égale à son éloquence : on dit qu'il jeta ses armes, et qu'il fut des premiers à fuir. Peut-être n'est-ce qu'un conte inventé pour ternir sa réputation ; car comment supposer que les Athéniens auraient chargé un homme qui se serait conduit aussi lâchement, de faire l'oraison funèbre de ceux qui étaient morts dans le combat ? Non-seulement il fut trouvé digne de louer les Grecs qui avaient péri pour la cause commune, mais il ne perdit absolument rien de son crédit ; et lorsque Philippe fut mort, il continua de déclamer contre Alexandre qui lui avait succédé. Celui-ci ayant déjà détruit la ville de Thèbes, et se tenant prêt à marcher sur Athènes, envoya demander, pour faire cesser les hostilités, dix des orateurs qui avaient harangué avec le plus de violence contre lui, à la tête desquels il mettait Démosthènes. Ce fut dans cette occasion que cet orateur raconta la fable des loups qui, pour condition du traité qu'ils voulaient faire avec les brebis, exigèrent d'elles qu'elles leur remissent les chiens qui les gardaient, et dévorèrent ensuite le troupeau resté sans défense. Alexandre, à la prière de l'orateur Démades, qu'on lui avait député, s'appaisa, fit alliance avec Athènes, et, d'après les conseils de Phocion, tourna ses vues sur les Perses. Démosthènes perdit quelque temps de son crédit, mais il le recouvra peu-à-peu, à tel point, qu'on revint à *la cause de la couronne*, qui avait commencé avant la bataille de Chéronée. Voici le fait.

Dans le plus beau moment de la gloire de cet orateur, un citoyen d'Athènes, nommé Ctésiphon, proposa de lui décerner une couronne d'or pour prix des services qu'il avait rendus à la Grèce. *Eschyne*, autre orateur, plus célèbre encore par sa jalousie contre Démosthènes que par ses grands talens, s'opposa de toutes ses forces à cette proposition. Le malheur des affaires publiques ne permit pas de s'occuper alors de cet objet ; on y revint dans des temps plus tranquilles. Eschyne n'avait point oublié sa vieille haîne ; elle lui fit mettre en jeu tout ce qu'il avait de talens pour arracher à son rival la nouvelle palme qu'il allait recevoir. Il prononça un discours qui aurait paru un chef-d'œuvre, si Démosthènes ne se fût fait entendre après lui. Ce dernier triompha, et Eschyne fut exilé. Le vainqueur usa bien de sa victoire. Au moment qu'Eschyne sortit d'Athènes, Démosthènes courut après lui, et l'obligea d'accepter de l'argent. Eschyne, sensible à ce procédé, s'écria : *Comment ne regretterai-je pas une patrie où je laisse des ennemis si généreux, que je désespère de rencontrer ailleurs des amis qui leur ressemblent !* Plutarque attribue, au contraire, ces paroles à Démosthènes, lorsqu'il fut exilé lui-même. Ce malheur lui vint par sa faute. Harpalus, lieutenant d'Alexandre, après avoir quitté ce roi, s'était réfugié avec des richesses immenses à Athènes : une partie de ces richesses lui servit à se faire des appuis. L'éloquence de Démosthènes pouvait lui être très-utile : cet orateur avait d'abord conseillé de chasser ce corrupteur dangereux ; mais Harpalus lui ayant habilement fait accepter une coupe d'or magnifique et vingt talens, Démosthènes se tut ; et, pour ne pas être obligé de dire son avis à ce sujet lorsqu'on l'en requerrait, il parut en public avec le cou entouré de laine, comme s'il eût eu une extinction de voix. Personne ne fut la dupe de son stratagême ; on l'accusa, et il fut condamné à une amende de cinquante talens. Comme il lui était impossible de la payer, on le mit en prison ; mais, ayant trouvé moyen de s'échapper, il s'enfuit d'Athènes. Son exil lui parut fort dur, et il fut loin de le supporter avec cette fermeté qu'on aurait dû attendre d'un homme dont le langage était si austère.

A la mort d'Alexandre, les Grecs ayant encore tenté de se soulever, Démosthènes alla de ville en ville haranguer les peuples et les engager à profiter de l'occasion pour ressaisir leur liberté. Les Athéniens, qui étaient dans les mêmes dispositions, ayant appris sa conduite, en furent si charmés qu'ils oublièrent le passé, le rappelèrent au milieu d'eux, et le reçurent avec toutes les démonstrations d'une joie générale. Ce bonheur fut de peu de durée : *Antipater*, l'un des successeurs d'Alexandre, ayant vaincu les Grecs, et marchant sur Athènes, Démosthènes s'enfuit encore une fois de sa patrie, et n'y rentra plus. Comme les soldats d'Antipater le poursuivaient vivement, il se jeta en franchise dans un temple de Neptune. On essaya en vain par de fausses promesses de l'amener dehors pour s'emparer de lui ; il savait que sa mort était jurée : assis au pied de l'autel du dieu, il feignit de vouloir écrire à ses amis ; mais ce fut pour sucer le poison qu'il avait renfermé dans sa plume ; il se couvrit ensuite la tête de son manteau, jusqu'à ce que le poison eût produit ses ravages : quand il vit l'instant de sa mort, il se leva et fut expirer à la porte du temple, pour n'en point souiller l'enceinte. Ainsi périt le plus grand orateur dont on ait conservé la mémoire. Son patriotisme ardent effaça une partie de ses fautes. Les Athéniens, qui, à l'approche d'Antipater, l'avaient condamné à mort, lui firent le même honneur qu'aux autres grands hommes qu'ils avaient persécutés ; il lui élevèrent une statue, et ordonnèrent que le plus ancien de sa postérité serait nourri aux dépens du public.

ARISTOTE,

PHILOSOPHE GREC,

Né l'an 384 avant l'ère vulgaire.

ARISTOTE naquit à Stagyre, ville de Macédoine, l'an 384 avant notre ère. Son père était médecin ; il le perdit de bonne heure. Sans guide, entraîné par les desirs de son âge, il se livra d'abord aux plaisirs, et même à la débauche. Il prit le parti des armes ; mais bientôt, ramené par son bon sens naturel à une conduite plus réglée, et par son goût à l'étude, il s'adonna tout entier à la philosophie. Platon était alors dans toute sa gloire : Aristote vint à Athènes pour l'entendre, et se montra digne écolier d'un aussi grand maître. Peu fortuné, il fut obligé, pour vivre, d'exercer en même temps la pharmacie ; mais ses veilles, qu'il prolongeait bien avant dans la nuit, et son assiduité, lui firent trouver encore beaucoup de temps pour l'étude.

Après la mort de Platon, il se retira à Atarne, petite ville de la Mysie, auprès de son ami *Hermias*, usurpateur de ce pays. Ce prince ayant été mis à mort par ordre du roi de Perse, Aristote épousa sa sœur qui était restée sans bien. Sa gloire était déjà répandue dans toute la Grèce. Philippe, qui aimait les gens instruits, et qui, contre la coutume de la plupart des rois, connaissait tout le prix de l'instruction, l'appela auprès de lui pour élever le jeune Alexandre, qui avait déjà quatorze ans. La lettre qu'il lui écrivit à la naissance de ce fils, est un monument également honorable au roi et au philosophe. *Je vous apprends*, lui disait-il, *que j'ai un fils. Je remercie les dieux, non pas tant de me l'avoir donné, que de me l'avoir donné du temps d'Aristote. J'espère que vous en ferez un successeur digne de moi, et un roi digne de la Macédoine.* Alexandre qui méritait d'avoir un tel maître, parce qu'il profita de ses instructions, avait coutume de dire : *Je suis redevable à Philippe de vivre, et à Aristote de bien vivre.* Alexandre ne fut point ingrat ; il érigea des statues au philosophe, et fit relever la ville de Stagyre à sa prière.

Aristote vint à Athènes passer le temps qu'Alexandre consacrait à ses conquêtes. Les Athéniens, auxquels Philippe avait accordé beaucoup de graces à sa considération, lui donnèrent le Lycée pour y ouvrir son école. Alexandre, qui n'avait point oublié son maître, lui écrivit pour l'engager à s'appliquer à l'histoire des animaux, et lui envoya huit cents talens; somme énorme, mais employée d'une manière digne de ce grand prince. Il lui donna aussi un grand nombre de chasseurs et de pêcheurs, pour lui procurer tous les animaux dont il aurait besoin. Avec ces moyens, Aristote put élever en l'honneur de la nature, un monument aussi beau que les connaissances d'alors le permirent: ce philosophe avait l'esprit très-juste, et observait bien; les naturalistes de nos jours, instruits par l'expérience de tous les siècles écoulés depuis le sien, le citent encore avec respect. Les lettres lui doivent aussi beaucoup: sa *Poétique* et sa *Rhétorique* sont encore des codes de bon goût. Sa philosophie offre également d'excellentes choses. Comme il donnait ses leçons en se promenant, on nomma ceux qui suivirent ce qu'il a enseigné, les *péripatéticiens*. Il invitait de tout son pouvoir les hommes à s'instruire: *Il y a, disait-il, la même différence entre un savant et un ignorant, qu'entre un homme vivant et un cadavre.* Il disait encore: *Les lettres* servent d'ornement dans la prospérité, et dans l'adversité de consolation. On lui demandait à quoi était utile la philosophie : *Elle nous apprend*, répondit-il, *à faire volontairement ce que les autres ne font que par force.*

Malgré l'utilité de sa vie et l'innocence de toutes ses actions, il eut des ennemis : le plus mal intentionné fut un prêtre. Aristote aimait beaucoup son épouse *Pythaïs*, et lorsqu'il l'eut perdue, il l'honora par une espèce de culte. Le prêtre, qui s'imagina qu'il en faisait une divinité, et qui crut par conséquent que c'était attenter au droit de son dieu et de son état, l'accusa publiquement. Le philosophe, qui se souvenait de la mort de Socrate, ne s'amusa point à disputer avec le prêtre ; il quitta Athènes, et se retira à Chalcis, où il mourut à 63 ans. Les Stagyrites, ses compatriotes, lui donnèrent la sépulture, élevèrent des autels en son honneur, et lui consacrèrent un jour de fête. La postérité l'a nommé *le prince des philosophes.*

ALEXANDRE,

ROI DE MACÉDOINE,

Né l'an 356 avant l'ère vulgaire.

ALEXANDRE, fils de Philippe, roi de Macédoine, naquit à Pella, l'an 356 avant notre ère. Son enfance annonça ce qu'il serait ; les premiers desirs qu'il forma furent ceux d'un ambitieux. Les victoires de son père étaient une espèce de tourment pour lui : *Il ne me laissera rien de grand à faire*, disait-il ; *il ne me laissera rien à conquérir*. Il était encore assez jeune lorsqu'il dompta le fameux Bucéphale ; ce cheval superbe, amené devant Philippe, était si ombrageux et si impatient, que tous les écuyers s'accordaient à dire qu'on n'en pourrait jamais tirer aucun service. Le roi en ayant vu la preuve, ordonna qu'on le remmenât comme une bête inutile. Alexandre, qui se trouvait présent, se plaignit qu'un aussi bel animal fût rejeté, parce qu'il ne se trouvait personne d'assez adroit et hardi pour s'en servir. *Mais, lui dit son père, ne semblerait-il pas que vous sauriez mieux vous y prendre, vous, mon fils?* Alexandre ayant avancé qu'il viendrait à bout de dompter le cheval, fut aussitôt le prendre par la bride, le tourna vers le soleil, parce qu'il s'était apperçu que son ombre l'épouvantait, le caressa, l'appaisa, et saisissant le moment favorable, sauta dessus, et le fit courir jusqu'à ce qu'il l'eût lassé. Philippe prévit dès-lors quel serait son fils, et il ne négligea rien pour en faire un homme tel que l'annonçaient ses dispositions naturelles. Il eut des maîtres de toutes sortes : Aristote fut celui qu'il affectionna le plus. Ce philosophe, au sentiment de Plutarque, ne lui apprit pas seulement les sciences politiques et morales, il lui enseigna aussi une certaine science spéculative qu'il ne révélait qu'à quelques-uns de ses disciples. Qu'était cette science? c'est ce que l'on ignore : peut-être cette doctrine n'avait-elle pour but que de mettre l'homme au-dessus des préjugés et des superstitions, qu'il importe, à ce qu'on prétend, de laisser au vulgaire. Quoi qu'il en soit, Alexandre sut mauvais gré à son maître d'en avoir touché quelque chose dans les livres qu'il publia. *Nous n'aurons plus rien par-dessus les autres*, lui écrivit-il, *si ce que vous nous avez enseigné en secret devient commun à tous les hommes.* Le jeune prince aimait beaucoup les lettres, et il savait choisir ses livres : Homère était son auteur favori. *Ce sont mes provisions de l'art militaire*, disait-il. Il voulut avoir l'*Iliade* corrigée par Aristote : ce divin poëme était sans cesse entre ses mains ; le soir il le mettait sous son oreiller avec son poignard. Lorsqu'il eut vaincu Darius, il trouva dans le butin une cassette magnifique ; il la réserva pour renfermer les œuvres d'Homère, *afin*, dit-il, *que le plus bel ouvrage de l'esprit humain soit dans la cassette la plus précieuse du monde.*

Ce fut à l'âge de vingt ans qu'il succéda à son père, assassiné comme nous l'avons dit. Sa jeunesse rendit le courage à ceux que Philippe avait mis sous son joug ; mais bientôt ce jeune roi, que Démosthènes appelait *un enfant*, montra qu'il était encore plus à craindre que son père : il marcha contre les Triballiens qui s'étaient révoltés, les vainquit, revint mettre le siége devant Thèbes, la prit, la rasa, et se préparait à marcher sur Athènes, si l'on ne se fût empressé d'accéder à ses demandes. Ces commencemens suffirent pour faire connaître ce qu'il était. Son intention étant de mettre à exécution le projet que son père avait conçu, de porter la guerre dans la Perse, il se fit élire, dans une assemblée des états de la Grèce, généralissime des Grecs. Malgré cette élection, ses moyens ne parurent pas répondre à la grandeur de l'entreprise. Les historiens rapportent qu'il ne partit qu'avec trente à trente-quatre mille hommes de pied et quatre à cinq mille chevaux; qu'il n'avait en argent que soixante-dix talens, et seulement pour trente jours de vivres. Si le succès n'eût pas couronné ses efforts, il est plus que certain qu'on l'eût taxé d'imprudence et de présomption : la fortune le servit, et il parut un héros. Voilà le cours ordinaire des choses humaines. Sans doute il devait beaucoup compter sur le peu de discipline et sur la mollesse des Perses ; mais il ne pouvait compter de même sur les fautes grossières qu'ils firent et qui décidèrent la victoire en sa faveur. En jeune homme il se confiait trop en sa *fortune*; ayant distribué, avant son départ, une partie de ses domaines en présens à ses amis, *Perdiccas* lui dit : *Et que vous restera-t-il donc ? L'espérance*, répondit-il. Ce mot seul le peint.

Après avoir passé le détroit de l'Hellespont, il s'arrêta un peu dans la ville d'Ilium, fit un sacrifice à Diane, et honora le tombeau d'Achille : *Il fut heureux*, dit-il ; *il eut un ami fidèle pendant sa vie, et après sa mort un poète excellent pour célébrer ses actions.*

C'était au passage du Granique que l'attendaient les troupes de Darius, commandées par ses lieutenans. Un général moins impétueux qu'Alexandre eût redouté ce passage : le roi, ne voulant écouter aucun avis, se précipita le premier dans le fleuve, et combattit en arrivant à l'autre bord ; sa témérité eut un heureux succès, les ennemis s'en effrayèrent et prirent la fuite. Cette première victoire lui ouvrit le chemin de toute la Perse, en ce qu'elle éleva le cœur de ses gens et abattit celui des ennemis. Bientôt l'Asie mineure lui fut soumise. Il allait trouver Darius lui-même qui était, rapporte-t-on, à la tête de six cent mille hommes; mais une maladie le retint; elle lui venait de s'être baigné dans les eaux froides du Cydnus. Le mal paraissait si dangereux, que plusieurs médecins refusèrent de se charger de sa guérison. Philippe seul, habile dans son art, et mettant de côté les craintes personnelles qu'il pouvait former en cas qu'il ne réussît pas, ne l'abandonna point dans le danger où il se trouvait; il eut recours aux derniers expédiens de la médecine; il lui prépara un breuvage qui pouvait le sauver. Pendant qu'il le préparait, Alexandre reçut une lettre par laquelle on l'avertissait de se méfier de son médecin, qui avait été corrompu par l'or de Darius. Alexandre *croyait à la vertu*, dit *J. J. Rousseau*; Philippe était du nombre de ses amis, et sa confiance en lui fut si peu altérée, qu'il reçut d'une main ferme le breuvage, l'avala d'un trait, et ne fit voir qu'ensuite à Philippe la lettre qu'il avait reçue. Ce trait lui fait autant d'honneur qu'une victoire.

Hors de danger et rétabli, il se mit en marche avec sa petite armée victorieuse pour aller à la rencontre de l'innombrable armée de Darius déjà intimidée. Un Macédonien banni, qui se trouvait parmi les Perses, conseilla au roi d'attendre Alexandre en pleine campagne, où le nombre de ses soldats lui donnerait le plus grand avantage. Darius fut, au contraire, s'engager dans d'étroits défilés, où il ne put faire agir toutes ses forces. Le désordre se mit bientôt parmi ses soldats, et il fut contraint de fuir, en laissant même le chariot qu'il montait entre les mains du vainqueur. Plus de cent mille des siens tombèrent sous le fer des Grecs, et les débris de son armée, qui furent se ranger autour de lui, restèrent plus d'à-moitié vaincus par la frayeur.

Alexandre s'empara des trésors immenses que Darius faisait porter avec lui, et apprit que parmi les prisonniers se trouvaient la mère, l'épouse et les filles de cet infortuné roi. Il les traita avec cette grandeur qui le distinguait, les rassura, leur laissa leurs officiers, leurs esclaves, et leur fit payer une pension plus considérable encore que celle qu'elles avaient coutume de recevoir. L'épouse et les filles de Darius étaient fort belles; Alexandre était jeune, mais il savait alors vaincre ses passions, et dans la crainte de succomber, il se défendit la vue de ces femmes infortunées, et ordonna qu'on ne dît pas un mot de leur beauté devant lui. Sa conduite à cette époque était digne de l'admiration qu'il inspirait; l'orgueil des succès et les débauches qui les suivent trop souvent, ne l'avaient pas encore rabaissé au-dessous de lui-même. Cette dernière bataille, qui se donna près d'Issus, fut suivie de la réduction de plusieurs villes, et sur-tout de Tyr, qui lui résista quelque temps; elle fut prise après un siége de sept mois. Alexandre oubliait quelquefois l'humanité, qui paraissait le guider dans plusieurs autres occasions : la résistance sur-tout l'irritait au point d'en faire l'homme le plus cruel. Il se vengea du courage des Tyriens en faisant mettre en croix deux mille de ceux qui avaient échappé au fer des soldats. Il châtia ensuite, en passant, les Juifs, qui avaient osé se croire quelque chose auprès de lui. *Joseph Flavien* rapporte qu'il sacrifia dans le temple de Jérusalem et qu'il s'amusa à écouter les discours du grand pontife ; mais c'est un conte, dont on ne trouve nulle trace ailleurs. Il fut, après cela, en Egypte, où il s'arrêta pour bâtir la ville d'Alexandrie, qu'il voulait rendre le centre du commerce de toutes les nations. Au siége de Gaza, place qui lui ouvrit l'Egypte, il se laissa encore aller à ce sentiment de cruauté qui déshonore sa vie: *Bétis*, fidèle à Darius, avait défendu avec courage la ville qui lui avait été confiée ; le vainqueur, dans sa colère, fit passer au fil de l'épée deux mille hommes, s'abaissa jusqu'à insulter au malheur de *Bétis*, et, pour jouer le rôle d'Achille, il le fit attacher par les talons à son char, et le traîna ainsi autour de la ville. Accoutumé aux conquêtes rapides, ce jeune impatient

impatient punissait comme un crime le courage qui lui résistait : enivré de prospérités, il finit par se croire plus qu'un homme, et dès-lors il cessa insensiblement d'être ce prince qui s'était annoncé avec une ame si élevée. Il fit un pèlerinage extrêmement pénible dans les déserts de la Libye, au temple de Jupiter-Ammon : le prêtre qui le reçut, l'appela *fils de Jupiter*; c'en fut assez pour qu'il lui prît fantaisie de se faire passer pour tel. Plutarque pense que ce ne fut en lui qu'une politique pour en imposer davantage aux Perses qu'il avait vaincus; il ajoute qu'il se riait de sa divinité avec les Grecs. Quoi qu'il en soit, il exigea les honneurs qu'on rend aux dieux; et si ce ne fut pas politique de sa part, il faut nécessairement le regarder comme un fou plein d'orgueil. Tout le reste de sa vie annonce en effet un homme attaqué de cette maladie.

Cependant Darius réfléchissant combien il était difficile d'arrêter ce torrent dans sa chute, chercha à acheter la paix; il envoya des ambassadeurs à Alexandre, pour lui offrir dix mille talens de rançon pour les personnes qu'il tenait prisonnières, avec tous les pays qui sont en-deçà de l'Euphrate, et une de ses filles en mariage, afin de devenir son allié et son ami. *J'accepterais ces offres*, dit Parménion, *si j'étais Alexandre. Et moi aussi*, reprit Alexandre, *si j'étais Parménion*. Ce refus parut celui d'un homme présomptueux; mais la bataille d'Arbelles, qui suivit bientôt, le justifia. Le nombre des soldats de Darius était si grand, que les plus habiles capitaines macédoniens, quoiqu'accoutumés à vaincre, conçurent des craintes, et engagèrent Alexandre à donner le combat la nuit, afin d'ôter aux Grecs la vue d'un aussi grand danger. *Je ne veux point*, répondit-il, *dérober la victoire*. Et ce fut en plein jour qu'il remporta la plus éclatante qu'il eût encore gagnée. La journée d'Issus lui avait ouvert la Phénicie et l'Egypte; la victoire d'Arbelles lui ouvrit le reste de la Perse et des Indes; il se transporta successivement à Babylone, à Suze, à Persépolis, et trouva par-tout des richesses immenses. A Persépolis, incité par une courtisane dans une débauche, il fit mettre le feu au magnifique palais du roi ; à peine fut-il revenu à son bon sens, qu'il s'en repentit.

Comme il poursuivait Darius, et qu'une dernière bataille allait décidément fixer le sort de cet infortuné roi, il apprit que *Bessus* et *Narbazane* avaient égorgé ce monarque. Loin de s'en réjouir, il en versa des larmes de douleur : il vit son corps percé de traits et abandonné ; la première marque de respect qu'il lui donna, fut de jeter son manteau sur lui ; il lui fit ensuite élever un tombeau digne d'un roi de Perse, et vengea sa mort sur Bessus, son meurtrier.

Alors, maître absolu de la Perse, il défit les Scythes, et fut ensuite soumettre une partie des Indes. *Porus*, un des rois de ce pays, fut celui qui lui opposa le plus de résistance ; il le vainquit cependant et le fit prisonnier. Contre son humeur ordinaire, qui s'aigrissait par les obstacles, il traita Porus non-seulement avec douceur, mais il le rétablit sur son trône, et agrandit ses états. Il voulait pousser plus loin ; mais ses troupes, lassées de conquêtes, et qui aspiraient après leur retour en Grèce, mutinèrent, comme cela leur était déjà arrivé plusieurs fois, et lui firent mettre des bornes à son ambition. Son retour fut une sorte de Bacchanales : il était monté sur un large chariot, où, assis avec ses amis, il buvait et se réjouissait sans cesse ; un grand nombre d'autres chariots de même genre, mais moins beaux, suivaient le sien, et tout le monde, jusqu'aux moindres soldats, prenait part à cette nouvelle espèce de triomphe.

Depuis la mort de Darius, Alexandre paraissait avoir pris goût aux mœurs des Asiatiques ; il portait l'habit des Perses, ne permettait plus qu'on l'approchât si l'on ne se prosternait auparavant devant lui, suivant la coutume observée à l'égard des souverains de l'Asie. Ces nouveautés lui aliénèrent les cœurs de la plupart des Grecs ; son orgueil, qui devint en même temps intolérable, le rendit presqu'odieux. Ses mœurs se dépravèrent ; il ne s'occupait plus que de débauches, et si sa vie ne se fût terminée à propos, il est presque certain qu'il serait tombé du faîte de la gloire où il s'était élevé, et qu'il eût insensiblement terni tout l'éclat de ses actions. La superstition vint aussi se mêler à ces vices, comme si l'homme qui s'était élevé le plus haut, eût été condamné par le sort à se ravaler au dernier rang, par l'oubli de sa première vertu. Enfin, il mourut à temps dans Babylone, où il se livrait aux craintes que lui avaient inspirées les devins qui l'entouraient, et à la débauche que ses courtisans faisaient renaître chaque jour. Quelques écrivains rapportent que ce fut le poison qui occasionna sa mort ; mais *Arrien* et *Plutarque*, qui ont suivi de bons mémoires, l'attribuent à un excès de vin. Depuis quelques jours il était tourmenté par la fièvre, et au lieu de prendre le repos qui lui était nécessaire, il fut, comme en bonne santé, à quelques festins où il avait été invité ; le vin qu'il y but augmenta son mal, et le précipita dans la tombe à l'âge de trente-deux ans, après en avoir régné douze. Il vécut trop pour sa gloire.

 Cet homme, qui porta la terreur dans une si grande étendue de pays, était d'une assez petite taille, mais son regard décelait la force de son génie et la grandeur de ses desseins; sa peau était fort blanche, et sa tête se penchait un peu du côté gauche. Comme il portait l'amour de sa réputation jusque dans les petites choses, il défendit à tous les peintres de faire son portrait, et en donna la permission à Apelles seul; Lysippe, le plus célèbre fondeur de son temps, eut aussi le droit de fondre ses statues; et Praxitèle, de le représenter en marbre. Il mettait le même choix dans les éloges qu'il recevait. Un mauvais poète lui ayant présenté des vers à sa louange, il le paya libéralement, mais à condition qu'il cesserait de faire des vers. Il montra plusieurs fois une modération admirable: on voulait l'animer contre un homme qui condamnait toutes ses actions; il se contenta de répondre: *C'est le sort des rois d'être blâmés, même quand ils se conduisent le mieux.* Un jeune macédonien ayant amené dans un bal, où il était, une courtisane pleine de graces et de talens, il ne put se défendre de quelques desirs; mais ayant appris que le jeune homme aimait cette fille avec passion, il lui fit dire de se retirer promptement et d'emmener avec lui sa maîtresse. La veille de la bataille d'Arbelles on vint lui dire que plusieurs de ses soldats avaient comploté de prendre et de garder pour eux ce qu'ils trouveraient de meilleur dans les dépouilles des Perses: *Tant mieux*, dit-il, *c'est une preuve qu'ils ont envie de se bien battre*. Une autre fois, s'étant arrêté un peu derrière sa troupe, dans une montagne couverte de neige, il rencontra un simple soldat à qui le froid et la fatigue avaient fait perdre connaissance: il le prit dans ses bras, le ramena lui-même dans l'endroit où les autres l'attendaient avec du feu, et ne le quitta point qu'il ne l'eût vu parfaitement rétabli. Son penchant à la libéralité était excessif, mais plus déterminé pour ce qui avait quelque chose de grand ou d'utile. Tel était Alexandre dans le calme des passions; mais Alexandre se laissant aller à la colère, à l'orgueil, à l'intempérance, n'était plus le même homme: c'était alors qu'il faisait raser Thèbes, qu'il brûlait le palais de Darius, qu'il passait au fil de l'épée de braves Indiens qui ne lui avaient rendu une ville qu'à condition qu'ils auraient la vie sauve, et qu'il tuait dans un festin *Clitus*, ami trop sévère, qui lui reprochait les vices qui ternissaient tant de belles qualités. Si jamais homme montra combien il est dangereux d'oublier un moment l'habitude des vertus, ce fut Alexandre. Comme le grand rôle que joua ce personnage dans l'univers ne permet pas de le juger légèrement, nous rapporterons ici l'éloge qu'en fait *Arrien*, le plus sage de ses nombreux historiens, et celui qui, par ses connaissances dans la politique et l'art militaire, était le plus capable de le juger.

« C'était, dit-il, un fort beau prince, prompt, vigilant, courageux; plein de piété, de générosité, de tempérance, mais d'un insatiable desir de gloire; adroit, pénétrant et très-heureux dans ses conjectures; savant dans l'art de la guerre, et qui remplissait l'esprit des soldats de belles espérances, et leur ôtait la crainte par sa résolution; hardi dans ses entreprises, résolu dans l'exécution, qui savait bien prendre son temps, et donner où il était le moins attendu; très-religieux observateur de ses promesses, et qui ne trompait personne, comme il ne se laissait pas tromper; ménager dans ses plaisirs, et prodigue dans ses libéralités. Que s'il a fait quelques fautes par colère ou par promptitude, et si sa fortune a été quelque temps insolente, il me semble qu'on doit pardonner quelque chose à un jeune conquérant dans le cours perpétuel de ses victoires, et qui n'a jamais été instruit par aucun malheur : d'ailleurs, assiégé de tous côtés de flatteurs, qui sont la peste des états et la ruine des princes, outre que nous le voyons aussitôt reconnaître sa faute, et qu'il est le seul de tous les monarques qui ait gloire de se repentir. Les autres, quand ils ont failli, s'opiniâtrent à se défendre; Alexandre a la force de l'avouer. Ceux-là pensent couvrir leur faute en la soutenant; celui-ci la veut effacer par la seule chose qui est capable de l'effacer; d'ailleurs, cela soulage, en quelque sorte, ceux qu'on a offensés, quand ils voient qu'on s'en déplaît; et c'est une grande espérance qu'on cessera de mal faire, quand on confesse d'avoir mal fait. Que s'il a tâché de rapporter son origine aux dieux, outre que c'était peut-être un artifice pour engendrer plus de respect dans l'esprit des peuples, combien en voyons-nous qui l'ont fait, qui ne valent pas mieux que lui ! Pour ce qui est des coutumes des Perses, ce n'est pas une petite adresse à un prince de se savoir accommoder aux mœurs de son peuple, outre qu'il le faisait peut-être pour ne leur paraître pas si étranger, ou pour rabattre quelque chose de l'orgueil macédonien. Que s'il a aimé la débauche, c'était plutôt pour s'entretenir avec ses amis, que pour s'emplir de vin et de viandes, vû qu'Aristobule dit qu'il n'était pas grand buveur. Que ceux-là donc qui le blâment, ajoute Arrien, ne prennent pas garde seulement à quelques actions où l'on pourrait trouver à redire ; qu'ils le jugent par toute sa vie. »

APELLÉS,

TRÈS-CÉLÈBRE PEINTRE GREC,

Du temps d'Alexandre.

APELLES est le peintre que les anciens ont placé au premier rang, et nous avons déjà prouvé qu'ils avaient le droit d'être difficiles en fait d'arts. Alexandre ne lui permit pas seulement de faire son portrait, il l'honora encore de son amitié, et le combla de bienfaits. Après la mort de ce prince, Apelles, retiré dans les états de Ptolomée, roi d'Egypte, fut accusé d'avoir conspiré contre ce monarque ; on l'eût condamné à mort, si l'un des complices ne se fût avoué coupable, et n'eût déchargé Apelles de toute accusation. Réfugié à Ephèse, ce grand peintre fit le tableau de la calomnie, et ce fut un de ses chefs-d'œuvre. Quoiqu'il fût sans rivaux, il n'avait pas assez d'orgueil pour s'imaginer que les observations des spectateurs ne pouvaient lui être utiles : il exposait ses ouvrages, recueillait les critiques, et corrigeait s'il le jugeait à propos. On rapporte à ce sujet un trait qui n'est peut-être qu'une fable, mais qui est encore à l'honneur de ce grand homme. Un cordonnier remarqua quelque défaut dans les souliers d'une de ses figures, et le dit tout haut ; Apelles le remercia et mit à profit sa remarque. Le cordonnier, gonflé de l'idée d'avoir trouvé un défaut dans l'ouvrage d'Apelles, revint le lendemain et se mit à critiquer à tort et à travers. Pour lui faire sentir son insuffisance, il lui dit en souriant, *que le cordonnier ne devait pas regarder plus haut que la chaussure*. Ce n'est pas le seul faux connaisseur à qui il faudrait faire cette réponse. La modestie de ce peintre était si grande, ou plutôt la connaissance qu'il avait de son art était si profonde, qu'il croyait n'avoir jamais achevé aucun de ses ouvrages ; il mettait ordinairement au bas de ses tableaux : *Apelles le faisait*, et non *le fit*. Il ne parut parfaitement satisfait que de trois de ses ouvrages : le premier était un portrait d'Alexandre tenant la foudre en main; le second, Vénus sortant des ondes; et le troisième, cette même déesse livrée au sommeil.

~~~~~~~~~~~~~~~~~~~~

PRAXITÈLE,

CÉLÈBRE SCULPTEUR GREC,

Du temps d'Alexandre.

PRAXITÈLE naquit dans la grande Grèce ou Calabre. Il mérita de vivre contemporain d'Apelles et d'Alexandre : il avait besoin d'un artiste assez habile pour l'apprécier, et d'un prince assez libéral pour le récompenser dignement. Son travail était d'une telle excellence, que lui seul était capable de décider quel était son chef-d'œuvre. *Phryné*, à laquelle il avait permis de choisir entre tous ses ouvrages, usa d'une ruse pour savoir quelle était sa plus belle statue; elle lui fit annoncer que le feu était à son atelier : *Je suis perdu*, s'écria-t-il aussitôt, *si les flammes n'ont point épargné mon Satyre et mon Cupidon!* Cette exclamation éclaira Phryné; elle s'empressa de rassurer Praxitèle, et choisit le Cupidon. Praxitèle, épris de cette courtisane, à qui la nature avait prodigué la beauté, voulut l'immortaliser en transmettant ses traits en marbre : la statue qu'il fit sur un aussi beau modèle fut placée dans la suite à Delphes, entre les statues d'Archidamus, roi de Sparte, et de Philippe, roi de Macédoine. Ce fut aussi lui qui fit la fameuse statue de Vénus qui se voyait à Gnide, et qui attirait les étrangers de toutes parts. *Nicomède*, roi de Bythinie, en faisait un tel cas, qu'il offrit aux habitans de Gnide d'acquitter toutes leurs dettes, qui étaient considérables, s'ils voulaient la lui céder. Acquiescer à cette proposition, eût été tarir la source même de leurs richesses; ils refusèrent donc l'offre du prince, et l'affluence des étrangers les en dédommagea bien. Le temps n'a laissé que survivre le nom de Praxitèle; ses chefs-d'œuvre sont perdus pour nous. Quel devait donc être son talent, si les chefs-d'œuvre devant lesquels nous

nous extasions aujourd'hui, sont d'artistes que l'antiquité paraît à peine avoir connus ?

TIMOLÉON,

GÉNÉRAL CORINTHIEN,

Vers l'an 343 avant notre ère.

Je commencerai par retracer ici le portrait que Plutarque fait de Timoléon; car la première action qui rendit célèbre ce citoyen de Corinthe, ne peut être jugée par les lois ordinaires de la morale; et j'aime mieux rapporter les sages réflexions de Plutarque, qui depuis environ seize siècles est reconnu pour un homme vertueux, que de les remplacer par celles que je pourrais faire, moi dont l'autorité n'est d'aucun poids.

« Timoléon, dit notre illustre biographe, de sa nature aimait fort le bien public de son pays, et se portait doucement et humainement envers tous, sinon qu'il haïssait extrêmement les tyrans et les méchans.

Au demeurant il avait un naturel si bien tempéré et si également composé de toutes les parties requises en un homme de guerre, qu'en sa jeunesse il montra toujours en tous ses faits avoir fort bon sens, et en sa vieillesse non moins de cœur et de hardiesse. Il eut un frère aîné, nommé *Timophane*, qui ne lui ressemblait de qualité quelconque ; car c'était un homme écervelé, et furieusement épris et perdu de convoitise de régner, que lui avait mise en tête une troupe de gens de basse condition qui se disaient ses amis, et des souldards ramassés qu'il avait toujours autour de lui ; et pour ce qu'il était aventureux et impétueux à la guerre, ses citoyens l'en estimaient capitaine belliqueux et homme d'exécution, et à cette cause lui donnaient souvent charge de gens, à quoi Timoléon lui aidait en couvrant du tout les fautes qu'il y faisait, ou les faisant apparoir moindres et plus légères qu'elles n'étaient, et en augmentant et en embellissant ce peu de bon que sa nature produisait. » Il porta même l'amitié pour son frère jusqu'à s'exposer une fois pour l'arracher à la fureur des ennemis qui allaient lui donner la mort.

Timophane, ayant gagné la confiance des Corinthiens, fut choisi par eux pour veiller à la liberté publique, à la tête d'un corps de troupes. Cet infidèle citoyen, au lieu de remplir les vœux de sa patrie, employa les forces qu'on lui avait confiées pour s'emparer de la puissance souveraine. Il commença par faire périr, sans même avoir égard aux formes de la justice, un grand nombre de ceux qui pouvaient s'opposer à ses desseins, et intimida le reste. Timoléon souffrit plus que personne de voir la conduite tyrannique de son frère; il essaya d'abord de le ramener à son devoir par la raison, mais ses tentatives ayant été vaines, il se fit accompagner d'Eschyles, beau-frère de Timophane, et d'un devin nommé Satyrus, et fut encore le trouver pour lui donner de nouvelles raisons de rendre la liberté à Corinthe. Timophane ne fit au commencement que rire de leurs remontrances; mais à la fin il entra en colère et les menaça eux-mêmes. Alors Timoléon se retira à l'écart et se couvrit la tête de son manteau, pendant que Satyrus et Eschyles poignardèrent le tyran, qui tomba baigné dans son sang.

« Si fut le cas incontinent divulgué par la ville, dont les plus gens de bien louèrent grandement la magnanimité et haîne des méchans qui étaient en Timoléon ; attendu qu'étant homme doux et benin de sa nature, et qui aimait cordialement les siens, il avait néanmoins préféré le bien public de son pays à l'amour de son sang, et mis le devoir et la justice au-devant de l'utilité, ayant sauvé la vie à son frère lorsqu'il combattait pour le bien et pour la défense de son pays, et l'ayant aussi fait mourir lorsqu'il épiait les moyens de l'asservir et s'en faire absolu seigneur. »

« Une si belle action, dit Cornélius-Népos, ne fut pas également approuvée de tout le monde. Quelques-uns la regardaient comme la violation des droits de la nature, et tâchaient d'en ternir l'éclat par un esprit d'envie. Sa mère lui ferma depuis l'entrée de sa maison, et ne le vit jamais sans le charger d'imprécations, et sans lui donner les noms de fratricide et d'impie. Il fut si vivement touché de ces reproches, qu'il fut quelquefois tenté de s'arracher la vie, et de se dérober, par la mort, à la présence de ses ingrats concitoyens. » Alors, livré à la plus profonde mélancolie, il se retira à la campagne, et passa vingt ans dans la retraite la plus solitaire. Il y eût sans doute passé tous ses jours, sans un événement qui rappela toute l'attention de ses concitoyens sur lui.

Dion ayant été tué à Syracuse, *Denys le jeune* rentra dans la possession de la Sicile. Ses ennemis demandèrent du secours et un général aux Corinthiens. Tous les yeux se tournèrent sur Timoléon, dans cette circonstance, et le peuple le nomma général. Téléclides, qui dans ces temps avait le plus d'autorité, lui dit, en l'exhortant à se porter en homme de bien : *Si tu remplis tes devoirs, nous jugerons que tu as tué un tyran ; mais si tu y manques, nous jugerons que tu as tué ton frère.*

Timoléon étant parti avec ses troupes, eut des succès incroyables, chassa Denys de toute la Sicile, et s'empara de sa personne. Quoiqu'il fût maître de sa vie, il ne voulut pas la lui ôter ; il lui suffisait de lui avoir ravi le pouvoir de faire du mal ; il l'envoya à Corinthe, où ce tyran, presque réduit à la misère, ouvrit une école pour gagner sa vie.

Après la chute de Denys, il fit la guerre à *Icétas*, qui s'était déclaré contre le tyran, mais qui n'ayant pas voulu se dessaisir de l'autorité, après que ce dernier eut été chassé, fit connaître qu'il avait été son ennemi, moins par haine de la tyrannie que par ambition. Icétas, se sentant le plus faible, eut recours au crime pour se défaire de Timoléon. Il envoya deux soldats déguisés pour l'assassiner. Ils étaient parvenus jusques auprès de ce général, dans un moment où il allait sacrifier ; l'un des soldats tirait déjà le poignard qu'il avait tenu caché, lorsqu'un inconnu survint, le frappa d'un coup d'épée, l'étendit mort par terre, et s'enfuit. L'autre soldat, effrayé par ce coup, dont il ignorait la cause, fut embrasser un coin de l'autel, et supplia Timoléon de lui accorder la vie, en criant qu'il allait lui révéler tout ce qui avait été tramé contre lui. Ainsi Timoléon, qui était sans défiance, vit combien il s'en était peu fallu qu'il ne perdît la vie. Pendant ce temps, l'inconnu, après lequel on avait couru, ayant été arrêté, fut ramené dans l'assemblée, et déclara qu'il n'avait tué le soldat, que parce qu'il avait reconnu en lui le meurtrier de son père. Timoléon vit là-dedans un coup si extraordinaire de la fortune, qu'il éleva un autel à la déesse qui préside aux événemens fortuits. Le peuple, qui crut appercevoir la main des dieux, n'en révéra que davantage le grand homme qui lui était conservé pour son bonheur.

Timoléon ayant défait Icétas, mit en fuite près du fleuve du Crimèse une puissante armée de Carthaginois, et les força de se croire assez heureux de pouvoir conserver l'Afrique, eux qui possédaient la Sicile depuis tant d'années. Il fit, de plus, prisonnier *Mamercus*, général né en Italie, homme belliqueux et puissant, qui était passé en Sicile au secours de Denys.

« Voyant, après ces exploits, que la longueur de la guerre avait dépeuplé les régions et les villes de Sicile, il fit chercher et ramasser d'abord tous les Siciliens qu'il put trouver ; et puis, comme Corinthe avait fondé Syracuse, il tira des colons de cette ville. Il rétablit les anciens citoyens dans leurs biens, et partagea aux nouveaux ceux que la guerre avait laissés sans possesseurs. Il releva les murailles renversées, rebâtit les temples détruits, rendit aux villes leurs lois et leur liberté, et procura à toute l'île une paix si profonde, après une guerre terrible, qu'il semblait mieux mériter le nom de fondateur de ces villes, que ceux qui les avaient peuplées les premiers. Il rasa la citadelle, élevée et fortifiée par Denys pour tenir la ville assiégée, démolit tous les autres boulevards de la tyrannie, et ne laissa subsister que très-peu de traces de la servitude. (*Cornélius-Népos.*) »

Tant de travaux si bien dirigés lui avaient mérité la gloire la plus juste et la plus belle qu'un homme puisse desirer, celle de libérateur des peuples ; il y mit un sceau immortel en rentrant de lui-même dans la condition des particuliers. Il était assez puissant pour se faire roi, il était assez aimé pour amener les peuples à lui décerner la couronne ; mais il était trop homme de bien pour rien faire contre ses principes et l'avantage de ceux qui lui avaient remis toute leur confiance. Il ne retourna point cependant à Corinthe, il resta à Syracuse, au milieu d'un peuple qui le respectait comme un père, et l'écoutait comme un oracle. Sans autre autorité que celle que donne la vertu, il fut encore le premier citoyen, et fut toujours assez modéré pour ne prétendre à rien que ce qui était permis à tout le monde. Cet effort est encore plus beau qu'une suite de victoires : on reçoit de la nature le génie qui nous assure les succès ; mais on ne tient que de son cœur les vertus qui nous mettent au-dessus de l'humanité même.

Les Syracusains furent aussi reconnaissans qu'il se montra désintéressé : ils lui donnèrent une de leurs plus belles maisons à la ville, et une des plus agréables possessions à la campagne, afin qu'il pût jouir en repos de sa vieillesse. Ils le comblèrent de toutes sortes d'honneurs. « C'était, dit Plutarque, chose belle à voir ce qu'ils faisaient pour l'honorer en leur assemblée de conseil ; car s'il était question de quelque affaire de peu de conséquence, ils la jugeaient et dépêchaient eux-mêmes tout seuls ; mais si c'était quelque matière qui requît plus grande délibération, ils le faisaient appeler, et lui s'en allait dans sa litière (car alors il était fort vieux et aveugle), à travers la place, jusques au théâtre où se tenait l'assemblée du peuple, et y entrait tout ainsi qu'il était assis dans sa litière ; et là le peuple tout d'une voix le saluait, et lui leur rendait aussi leur salut, et après avoir donné quelque espace de temps à ouir les louanges et bénédictions que toute l'assemblée lui donnait, on lui proposait l'affaire dont il était question, et lui en disait son avis, lequel étant passé par les voix et suffrages du peuple, ses serviteurs le ramenaient derechef en sa litière à travers le théâtre, et les citoyens le reconvoyaient quelque temps avec acclamations de joie et battemens de mains, puis se remettaient comme devant à dépêcher le reste des affaires publiques par eux-mêmes. »

Il

Il était impossible de montrer plus de vertus ; cependant quelques obscurs envieux osèrent élever la voix contre lui au milieu du peuple même qui l'admirait. Un certain *Laphystius* fut jusqu'à l'appeler en justice pour y rendre compte de sa conduite. Un grand nombre de Syracusains allaient employer la violence pour réprimer l'audace de cet homme ingrat ; Timoléon les arrêta : *Qu'allez-vous faire ?* dit-il ; *si j'ai essuyé les plus rudes fatigues, si j'ai couru tant de dangers, c'est pour que Laphystius et les autres citoyens eussent le droit d'agir ainsi. C'est quand chacun a la faculté de porter ses prétentions au tribunal des lois, que l'on jouit réellement de la liberté.* Un autre citoyen, nommé *Déménète*, semblable à Laphystius, rabaissait le mérite de ses actions dans une assemblée du peuple, et l'invectivait même. *Voilà donc mes vœux exaucés !* s'écria Timoléon, *car j'ai toujours prié les dieux de rétablir la liberté dans Syracuse, de telle manière que chacun pût y dire impunément ce qu'il pensait de tout autre.*

Enfin, après une vieillesse heureuse et honorable, il mourut d'une légère maladie. Les Syracusains lui donnèrent les dernières marques de leur amour en lui faisant des funérailles magnifiques, en lui élevant un superbe tombeau, où l'on célébra des jeux, et en instituant une fête annuelle en son honneur. Ainsi ce grand homme jouit de la reconnaissance des peuples, et fut du petit nombre de ceux qui ne moururent pas avec l'idée d'avoir sacrifié leurs jours à des ingrats.

ÉPICURE,

PHILOSOPHE GREC,

Né l'an 342 avant notre ère.

Le nom d'Épicure a été calomnié nombre de fois, et est encore une sorte d'injure dans la bouche des personnes qui ne se sont pas donné la peine d'apprendre si le philosophe ne valait pas mieux que la morale qu'on lui attribue.

T.I.ͣ Pag.337.

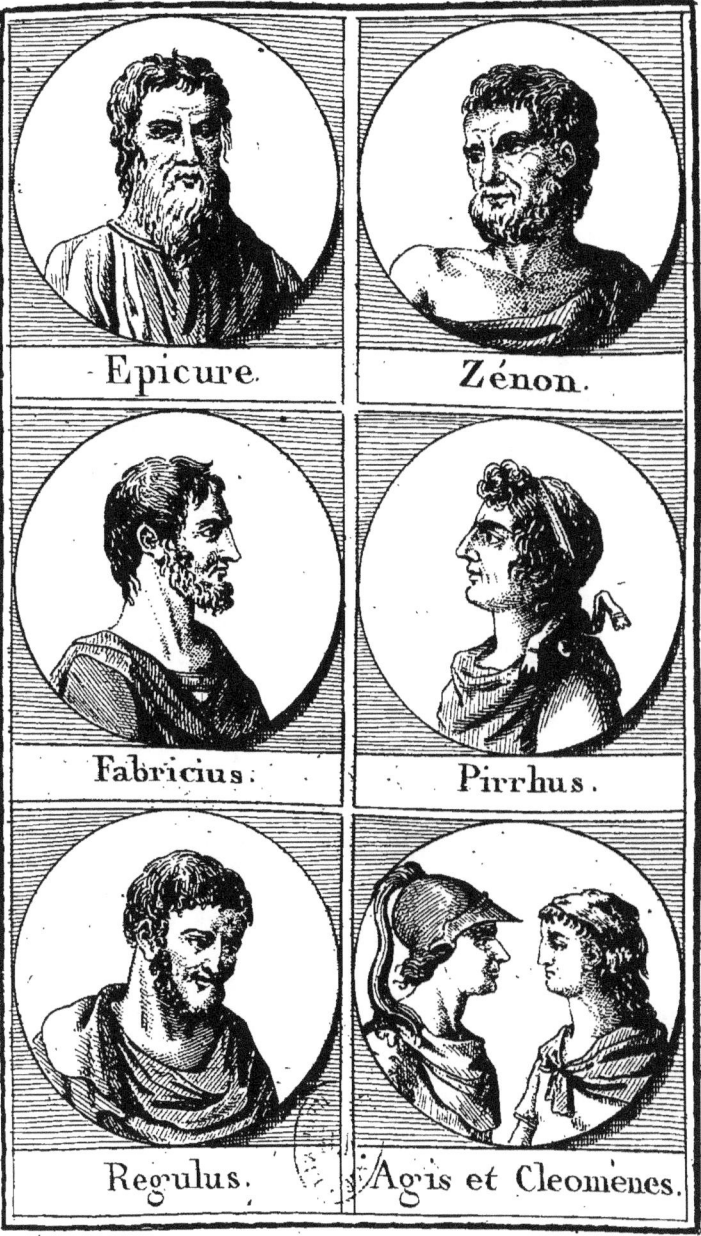

Ce sage naquit à Gargétium, dans l'Attique, l'an 342 avant l'ère vulgaire. Sa mère faisait profession d'exorciser les mauvais génies, et le jeune enfant la seconda d'abord dans ses pratiques superstitieuses. Cette première école en eût perdu un autre; mais Épicure était né avec un esprit qui devait s'élever au-dessus des idées qui gouvernent le vulgaire des hommes. Le vif desir de s'instruire le fit aller à Athènes, et suivre tous les philosophes qui enseignaient alors; il parcourut aussi toutes les contrées où il espéra de gagner quelque instruction. Revenu ensuite à Athènes, il ouvrit à son tour une école de philosophie: c'était au milieu d'un beau jardin, à la faveur d'ombrages frais et sur les gazons parsemés de fleurs, qu'il instruisait ses disciples. Sa doctrine *était que le bonheur réside dans la volupté.* Il n'entendait pas, par ce mot de volupté, les plaisirs des sens, mais la tranquillité de l'ame et la satisfaction qui naît de la vertu. Sans doute il eût bien fait de choisir un autre mot pour exprimer son idée; il eût alors ôté à ses ennemis un prétexte de l'accuser de tenir une école de débauche, et à de véritables libertins le droit de se dire ses disciples. Épicure a répondu par sa vie même aux reproches qu'on lui a faits tant de fois : c'était un vrai sage dans sa conduite ; il savait se contenter de peu, ne faisait aucun excès, et recommandait fortement la modération en tout. Ses mœurs étaient pures, et presque toutes ses heures étaient données à des conversations philosophiques et au travail : on a compté de lui jusqu'à trois cents volumes, fruits de ses méditations. Un homme qui a composé autant d'ouvrages, n'a guères eu le temps de se livrer aux plaisirs qui forment ce que dans notre langue nous appelons *volupté*.

Son opinion sur la Divinité fit beaucoup de tort à sa morale, et n'était propre en effet qu'à ôter le frein le plus salutaire aux hommes : il pensait que l'Être suprême, absolument indifférent à tout ce qui se passait hors de lui, dormait en quelque sorte dans un repos éternel. Sa physique ne valait pas mieux que sa religion : il supposait que des atômes nageant dans le vide de l'espace s'étaient réunis, agglomérés, et avaient fini par former les Mondes. *Lucrèce* a chanté en fort beaux vers ces absurdités, qu'Épicure avait reçues de *Leucippe* et de *Démocrite*.

Ce philosophe, après avoir épuisé sa santé par les travaux et les méditations, mourut à l'âge de 70 ans, d'une rétention d'urine. Ses disciples conservèrent chèrement sa mémoire, et célébraient l'anniversaire de sa naissance par des fêtes qui duraient un mois. Ils se partagèrent bientôt pour former deux sectes, les *rigides* et les *relâchés* : ces derniers eurent plus de vogue, parce que le vice est beaucoup plus commode que la vertu. Ainsi Épicure, qui était un homme parfaitement vertueux, et qui n'avait desiré que le bonheur de ses semblables, fut, non le fondateur, mais la cause d'une philosophie qui produisit des effets funestes par-tout où elle fut suivie de manière à influer sur les mœurs publiques.

FABRICIUS,

CONSUL ROMAIN,

Vers l'an 282 avant l'ère vulgaire.

LES principaux avantages que remporta *Caïus Fabricius Luscus*, furent sur les Brutiens, les Samnites et les Lucaniens. Le butin qu'il fit était si considérable, qu'après avoir récompensé les soldats et restitué aux Romains ce qu'ils avaient fourni pour la guerre, il lui resta quatre cents talens, qu'il fit porter à l'épargne le jour de son triomphe.

Mais la gloire de Fabricius fut moins d'avoir été grand général, que d'avoir été homme de bien ; il en donna une preuve éclatante dans son ambassade auprès de Pyrrhus. Celui-ci desirait obtenir la paix ; et ayant appris que Fabricius, quoique l'un des premiers citoyens de Rome, était fort pauvre, il s'imagina qu'il serait facile de le mettre dans ses intérêts. Il le tira donc à part, et lui offrit de l'or et de l'argent, comme des présens d'amitié et d'hospitalité ; mais Fabricius n'entendit jamais rien à ce sujet. Pyrrhus voulant éprouver son courage, commanda à ses gens que, tandis qu'il serait à s'entretenir avec lui, ils fissent approcher son plus grand éléphant derrière une tapisserie ; Fabricius n'avait jamais vu aucun de ces animaux ; l'ordre du roi fut rempli, et à un signe convenu, la tapisserie fut tout-à-coup enlevée, et l'éléphant parut, jetant un cri terrible, et levant sa trompe sur la tête de Fabricius. Celui-ci, sans se troubler, se retourna, et dit à Pyrrhus en souriant : *Votre éléphant ne m'émeut pas plus aujourd'hui, que votre or hier.* Etant à table avec ce prince, il écouta la conversation qui roulait sur la morale d'*Épicure*, qui met le souverain bien de l'homme dans le plaisir, dans la fuite des affaires, et qui suppose que les dieux ne se mêlent nullement de ce qui se passe sur la terre. *O Dieux souverains !* s'écria Fabricius, *faites que Pyrrhus et les Samnites professent cette morale tant qu'ils seront en guerre avec nous !*

Pyrrhus, frappé de sa sagesse et de sa vertu, desira plus que jamais d'avoir la paix avec la république qui produisait de tels citoyens ; il le supplia de faire en sorte que cette paix eût lieu, et lui offrit de venir ensuite près de lui, pour y occuper le premier rang dans les affaires et dans son amitié. *Seigneur*, lui répondit le généreux Romain, *vous êtes un grand guerrier, mais vos peuples gémissent dans la misère ; les impôts les accablent, je les en déchargerais ; ils tremblent pour leurs possessions, je les leur assurerais : ils vous honorent maintenant, mais ils se seraient bientôt attachés à moi ; aujourd'hui votre favori, je deviendrais demain votre maître.*

Fabricius étant devenu consul, reçut une lettre du médecin de Pyrrhus, qui promettait, moyennant une récompense, de délivrer Rome de ce prince par le poison. Le consul romain écrivit aussitôt cette lettre à Pyrrhus : *Tu as bien mal choisi tes amis et tes ennemis, ainsi que tu le verras par la lettre d'un de tes gens, que nous te renvoyons, puisque tu fais la guerre aux gens de bien et que tu te confies aux méchans. L'avis que nous te donnons est moins pour te plaire, que dans la crainte que ta mort ne nous soit imputée à trahison, comme si nous ne pouvions te vaincre par notre courage.*

La sévérité des mœurs de ce Romain le fit choisir pour censeur avec *Emilius Pappus*, homme aussi austère que lui. Fabricius avait pour toute argenterie une petite salière dont le pied n'était que de corne; Emilius Pappus avait seulement un petit plat pour faire ses offrandes aux dieux. Les deux censeurs cassèrent de concert un sénateur nommé *Cornélius Rufinus*, qui avait été deux fois consul et dictateur, parce qu'il avait chez lui dix livres d'argent en vaisselle de table. Cette sévérité paraît dure, mais elle était nécessaire dans un état qui ne se soutenait que par la vertu même des citoyens. Fabricius, au moins, ne démentit jamais l'austérité qu'il professait en public par sa conduite particulière; il se nourrissait des légumes que lui-même cultivait; enfin il vécut et mourut pauvre.

PYRRHUS,

ROI D'ÉPIRE,

Mort l'an 272 avant l'ère vulgaire.

Pyrrhus, roi d'Epire, fut un exemple frappant des malheurs qu'entraîne avec elle l'ambition. Celle des autres le tourmenta dès le berceau, et la sienne propre ensuite ne lui laissa pas un instant de repos pendant sa vie, et lui fit trouver la mort dans les embarras d'une déroute. Ses victoires furent balancées par ses défaites, et la grande activité de sa vie ne fut utile ni aux autres ni à lui-même. Il parut plutôt dévoré du desir de briller, que guidé par une intention bien raisonnée; il faut donc le placer parmi les hommes qui sont nés seulement pour troubler le monde.

Il était encore à la mamelle lorsque les Molosses se révoltèrent, et chassèrent

Eacides, son père. Il fut lui-même sur le point d'être pris et tué ; mais des serviteurs fidèles s'exposèrent aux plus grands dangers ponr le sauver, et le portèrent à la cour de Glaucias, roi d'Illyrie. Ce prince, qui redoutait *Cassandre*, mortel ennemi d'Eacides, balança long-temps à se charger de cet enfant qu'on avait placé devant lui. Cependant le petit Pyrrhus, se traînant sur ses pieds et ses mains, fit tant qu'il se leva debout contre les genoux du roi ; ce qui d'abord le fit rire, et ensuite excita sa pitié : il lui semblait qu'il venait le supplier, et qu'il se mettait de lui-même sous sa protection ; il le reçut alors, et le remit à son épouse pour qu'il fût nourri avec ses enfans. Peu de temps après, les ennemis envoyèrent le demander, et Cassandre offrit deux cents talens à Glaucias pour l'engager à le lui livrer. Glaucias rejeta avec horreur ces propositions ; et, quand Pyrrhus eut atteint sa douzième année, il le reconduisit avec une armée en Epire, où il le rétablit sur le trône de son père. Pyrrhus perdit encore son royaume à dix-sept ans, pendant une petite absence qu'il fit pour assister aux noces d'un des enfans de Glaucias. Les Molosses ayant profité de ce moment, chassèrent tous ceux qui tenaient son parti, et se rendirent à son adversaire *Néoptolème*.

Alors abandonné de tout le monde, ce jeune prince se retira chez Démétrius, son beau-frère, lui devint très-utile malgré sa jeunesse, et montra dans ses armées ce qu'il devait être un jour. Il passa ensuite comme otage en Egypte, à la cour de *Ptolémée*, où il se fit aimer au point que le roi lui donna en mariage *Antigone*, fille du premier lit de son épouse *Bérénice*. Depuis cette alliance, il obtint de l'argent et des troupes, et vint reconquérir l'Epire. Par politique, il en laissa à Néoptolème une partie, qu'il sut bientôt lui enlever. Rentré dans ses droits, il ne songea plus qu'à porter ses armes ailleurs ; mais les détails de ses nombreuses expéditions appartiennent à l'histoire, et ne peuvent trouver place dans une notice biographique aussi abrégée que l'est celle-ci. *Alexandre* l'ayant appelé à son secours contre *Démétrius*, roi de Macédoine, il lui demanda pour prix de ses services quelques provinces, dont il s'empara à l'instant, et d'où Démétrius le contraignit de sortir. Il fut ensuite en Italie, où il remporta une victoire signalée, et revint tomber sur la Macédoine, à la nouvelle d'une maladie de Démétrius. Celui-ci n'eut pas plutôt recouvré la santé, qu'il le fit éloigner encore une fois. Pyrrhus fit de nouvelles tentatives qui eurent un succès heureux : il s'empara de la Macédoine, et la partagea avec *Lysimaque*; mais il n'en jouit pas long-temps : les Macédoniens le chassèrent, et ne voulurent reconnaître pour leur souverain que son collègue.

Il aurait pu vivre en paix chez lui; mais, dit Plutarque, s'il n'eût fait de mal à personne, ou si personne ne lui en eût fait, il n'aurait su à quoi passer son temps. La fortune le servit à souhait. Les Tarentins, qui étaient en guerre avec les Romains, et qui n'étaient pas de force à leur résister, l'appelèrent à leur secours, et le virent bientôt arriver. Le philosohe *Cynéas*, son conseiller intime, le voyant de nouveau se livrer tout entier à la guerre, voulut lui donner une sage leçon, qui fut absolument inutile. *On vante beaucoup le courage des Romains*, dit-il, *et ils commandent à plusieurs nations belliqueuses ; si donc les dieux nous font la grace de les dompter, à quoi nous servira cette victoire ?* — *A quoi ?* reprit Pyrrhus ; *elle nous ouvrira le chemin de toute l'Italie.* — *Et quand nous aurons conquis l'Italie*, continua Cynéas, *que ferons-nous ?* — *La Sicile est auprès*, répondit Pyrrhus, *et il nous sera facile de nous en emparer.* — *Mais sera-ce notre dernière guerre ?* — *Non pas ; car si nous avons le bonheur de nous rendre maîtres de la Sicile, ce nous sera une entrée à de bien plus grandes choses : nous passerons en Afrique, et nous prendrons Carthage. Il est certain qu'alors nous ne craindrons plus nos ennemis, et qu'ils se garderont bien de remuer.* — *Certainement*, dit Cynéas ; *avec une semblable puissance, il nous sera même facile de recouvrer la Macédoine. Mais enfin, quand nous aurons tout conquis, que ferons-nous ?* — *Oh ! pour lors*, répliqua Pyrrhus, *nous nous tiendrons en repos, et nous n'aurons*

plus d'autre souci que de nous réjouir.
— *Et qui nous empêche donc*, dit alors Cynéas, *de nous réjouir dès aujourd'hui, sans nous donner tant de peines, sans verser tant de sang, sans exposer nos jours pour des conquêtes qui nous coûteront de si grands travaux, et qu'il n'est pas sûr que nous fassions jamais?* Le conseil était bon; mais il fallait un autre homme que Pyrrhus pour le mettre en pratique. Deux batailles qu'il gagna sur les Romains, loin de lui enfler le cœur cependant, lui firent au contraire vivement desirer d'avoir la paix avec Rome. Les Romains s'étaient battus avec leur courage ordinaire, et Pyrrhus n'avait dû son avantage qu'à ses éléphans, dont la présence, extraordinaire pour les Romains, les avait étonnés, et avait mis en désordre leur cavalerie. Ces victoires coûtèrent cher à Pyrrhus, et lui-même disait, en considérant son armée affaiblie de plus de la moitié: *Hélas! si je gagne encore une semblable victoire, il faudra que je retourne presque sans suite en Epire.* Il envoya donc Cynéas à Rome, pour traiter de la

paix ; mais le sénat répondit que *si Pyrrhus souhaitait l'amitié du peuple romain, il ne devait faire de propositions que quand il serait hors de l'Italie.*

Pyrrhus voyant pour lui peu d'avantage à continuer cette guerre, et ne voulant pas cependant céder comme s'il eût été vaincu, cherchait un prétexte de se retirer avec honneur, lorsque la fortune vint encore le servir. Les Siciliens l'appelèrent à leur secours, pour les délivrer du joug des Carthaginois et de celui de plusieurs petits tyrans. Il y passa aussitôt, gagna deux batailles sur les Carthaginois, et se rendit maître de toute la Sicile. Il ne sut pas user de ses succès, il se montra avec hauteur, et ne réprima point la licence de ses soldats. Les Siciliens s'appercevant qu'ils n'avaient fait que changer de maître, commencèrent à se liguer entr'eux contre lui, et par son peu de politique il se vit dans une situation assez critique. Il eut encore une fois un prétexte honorable de se tirer de ce mauvais pas : il reçut des lettres des Tarentins qui le suppliaient de venir aussitôt à leur secours; il partit donc : sa flotte fut battue dans le détroit de Sicile, et de deux cents galères qu'il avait, il n'en ramena que douze en Italie. Enfin il fut vaincu par les Romains, et revint avec honte dans l'Epire.

La victoire lui élevait trop le cœur, mais les revers ne l'abattaient point. Après avoir imploré vainement les secours d'*Antiochus*, roi de Syrie, et d'*Antigone*, roi de Macédoine, il tomba sur les états de ce dernier, en prit une partie, et chercha à humilier les Macédoniens. Il fut ensuite, à la prière de *Cléonyme*, prince du sang royal de Sparte, porter la guerre aux Lacédémoniens, et assiéger leur ville; mais ses armes n'ayant pas eu le succès qu'il en attendait, il marcha sur Argos, alors divisée par deux factions, à la tête desquelles étaient *Aristippe* et *Aristias*. Ce dernier lui ayant ménagé l'entrée de la ville pendant la nuit, il voulut y pénétrer avec ses éléphans; mais ces animaux, se trouvant trop resserrés, portèrent le désordre dans les rangs, et fermèrent toutes les issues. Ce fut alors que ceux de la ville tombèrent sur lui. Son aigrette le faisant reconnaître parmi les siens, il la quitta ; mais un soldat argien le poursuivant vivement, et lui ayant déjà porté un coup de javeline, il se retourna, et allait l'abattre sous les coups de son épée, lorsqu'une vieille femme, la mère même du soldat argien, tremblant pour les jours de son fils, lança une tuile du haut d'une maison où elle était, et fit tomber Pyrrhus sans connaissance ; un soldat d'Antigone lui coupa aussitôt la tête. Ce fut ainsi que périt ce prince, qui avait toutes les qualités d'un guerrier, mais qui manquait de celles qui font les bons rois. Il combattit volontiers sans vues, et vainquit sans profit.

RÉGULUS,

CONSUL ROMAIN,

Vers l'an 267 avant notre ère.

MARCUS ATTILIUS RÉGULUS fut deux fois consul. Pendant son premier consulat, il réduisit les Salentins, et se rendit maître de Brindes, leur capitale ; mais ce fut dans la guerre qu'il fit aux Carthaginois, à son second consulat, qu'il acquit la gloire qui l'a rendu immortel. *Lucius Manlius* était son collègue. Ces deux généraux mirent à la voile une flotte de trois cent quarante vaisseaux, et chargée de cent quarante mille hommes de débarquement. Les Carthaginois leur opposèrent une flotte aussi nombreuse, mais bien plus légère et mieux équipée : leur commerce de mer leur avait fait depuis long-temps tourner leurs vues vers la navigation. Les Romains, au contraire, accoutumés à combattre sur terre, n'avaient qu'une connaissance imparfaite de cet art ; aussi furent-ils bien au-dessous de leurs ennemis tant qu'il ne fut question que de la manœuvre, mais une fois que l'on en fut venu à l'abordage, la valeur romaine l'emporta, et les Carthaginois vaincus, laissèrent par leur fuite le passage libre aux Romains, qui, après avoir débarqué sur les côtes d'Afrique, prirent d'emblée la ville de Clupéa, et ravagèrent ensuite le pays ennemi, d'où ils enlevèrent vingt mille captifs. Manlius, dont la présence était nécessaire en Italie, retourna avec une partie de la flotte, et laissa Régulus seul général des troupes qui devaient agir contre les Carthaginois. Le temps du consulat de celui-ci étant expiré, il fut prorogé dans le même emploi avec le titre de proconsul; mais peu après il demanda un successeur et son congé, sur l'avis qu'on lui donna que le fermier qui cultivait sept arpens de terre, en quoi consistait tout le bien de ce général, était mort, et que son valet avait dérobé les outils nécessaires au labourage. Régulus représenta au sénat, par ses lettres, que sa femme et ses enfans étaient exposés à mourir de faim, si, par sa présence et son travail, il ne rétablissait lui-même ses affaires domestiques. Le sénat, pour ne pas interrompre le cours des victoires de Régulus, ordonna qu'on fournirait des alimens à sa femme et à ses enfans; que sa terre serait cultivée aux dépens du public, et qu'on acheterait de nouveaux instrumens pour le labourage: récompense modique, ajoute *Vertot*, qui n'a pas dédaigné ce trait rapporté par *Valère-Maxime*; récompense modique, si on en considère le prix, mais qui fait plus d'honneur à la mémoire de ce vertueux Romain, que tous ces titres pompeux dont on décore tous les jours les terres de ces hommes nouveaux, qui ne se sont enrichis que par des brigandages, et dont les noms ne seront peut-être connus dans la postérité que par les calamités que leur avarice a causées dans les pays où ils ont fait la guerre. » Ce que disait Vertot de certains enrichis de son temps, peut s'appliquer avec la même justice à beaucoup de personnages du nôtre. La différence est que, parmi nous, plusieurs, avec la pauvreté de Régulus, ont d'abord affecté ses vertus, mais seulement pour mieux cacher leurs rapines; ils n'ont pas craint dans la suite de montrer qu'ils n'avaient pas eu plus de franchise que de probité. Mais ne gâtons point par ces traits étrangers le tableau des vertus réelles que possédait Régulus.

Demeuré seul général, il poussa la guerre avec tant d'activité qu'il força les Carthaginois à demander la paix; mais les conditions qu'il y attacha étaient si dures, qu'ils ne purent les accepter. *Entre enne-*

mis, leur dit-il avec une fierté que l'on doit désapprouver, *il faut vaincre ou recevoir la loi du vainqueur*. Les Carthaginois ayant fait de nouveaux efforts et mis à leur tête *Xantippe*, général qu'ils avaient demandé aux Lacédémoniens, virent la fortune changer à leur égard : ils battirent les Romains et firent Régulus lui-même prisonnier. Dans le ressentiment qu'ils éprouvaient contre lui, ils le traitèrent plus en criminel qu'en général ennemi : ils le plongèrent dans un cachot où il resta quatre années entières, et d'où il ne serait peut-être jamais sorti, si les Carthaginois, ayant fait de nouvelles pertes considérables, n'eussent eu besoin de la paix. Ils le tirèrent donc de sa prison, pour l'envoyer à Rome ménager le traité, ou du moins l'échange des prisonniers. Les magistrats, avant que de le faire embarquer, tirèrent de lui parole que, s'il ne pouvait rien obtenir des Romains, il reviendrait à Carthage reprendre ses fers : on lui fit même entendre que sa vie dépendait du succès de sa négociation. Le vertueux Romain n'avait pas un cœur assez lâche pour préférer même ses jours aux intérêts de sa patrie ; Rome avait le plus grand avantage à poursuivre la guerre, et ce fut ce que Régulus proposa en plein sénat.

Quand il eut rempli ce que le devoir dictait à un cœur aussi magnanime, il reprit le chemin de Carthage, sans même vouloir embrasser sa femme et ses enfans, dans la crainte que l'attendrissement ne lui fît faire quelque action indigne de lui. Les Carthaginois n'avaient une ame que pour le commerce ; et, loin d'admirer le noble dévouement de Régulus, ils ne songèrent qu'à le punir d'avoir préféré, au péril de ses jours, sa patrie à Carthage : les barbares inventèrent des supplices pour le faire périr ; on lui coupa les paupières, et on l'exposa plusieurs jours aux ardeurs du soleil ; on l'enferma ensuite dans un tonneau garni de pointes de fer, où il expira.

Quelques savans ont révoqué en doute l'authenticité de ce trait héroïque ; il y a bien assez de forfaits malheureusement trop avérés, sans chercher encore à diminuer le nombre des exemples de vertu que l'on peut offrir aux hommes.

ZÉNON,

PHILOSOPHE GREC,

Vers l'an 362 avant notre ère.

Zénon fut le fondateur d'une philosophie qui valut plus d'un grand homme à l'antiquité. Ce sage enseignait à se soumettre au destin, quel qu'il fût ; à savoir se passer des biens de la fortune ; à vivre, pour nous servir de l'expression de *Sénèque*, non selon l'opinion, mais suivant la nature, et sur-tout à mettre la vertu au premier rang des choses qui sont au pouvoir de l'homme. *Avec la vertu*, disait-il, *on doit savoir tout supporter, même la douleur.* Cette philosophie élevait l'ame, donnait à l'homme une grande idée de lui-même, et ne lui permettait point de s'avilir. Elle anima les deux Caton, créa en quelque sorte les deux belles ames de *Marc-Aurèle*

Marc-Aurèle et d'*Antonin*, et fit de l'esclave *Epictète* l'un des premiers mortels. Zénon fut donc un des bienfaiteurs de l'humanité.

Ce sage naquit à *Citium*, dans l'île de Chypre, et s'adonna d'abord au commerce. Un hasard le conduisit à Athènes; il y fut jeté par un naufrage : cet accident lui parut un bonheur tout le reste de sa vie; il étudia la philosophie sous *Cratès* le cynique, sous *Stilpon*, *Xénocrate* et *Polémon*. Il ouvrit ensuite une école où la foule des disciples arriva bientôt. A une philosophie faite pour rendre l'homme vertueux, il joignit une opinion religieuse qui ne pouvait pas tendre au même but. Dieu, suivant lui, est l'ame du monde, c'est-à-dire la puissance invisible qui anime tout; cette puissance et la matière étant réunies, forment un *Animal parfait*; c'était là le dieu de Zénon. Cette idée n'est pas sans profondeur, mais elle ne peut produire aucun bien. Ce philosophe admettait en outre une *Destinée inévitable*, système absurde, qui ne signifiera jamais rien, et qui sera toujours propre à détruire, aux yeux des hommes, le mérite de leurs actions et le besoin de faire des tentatives.

Zénon ayant fait une chute dont les suites étaient incurables, se fit mourir lui-même vers l'an 264 avant notre ère. Il avait alors 98 ans. Les Athéniens l'estimaient beaucoup, et ils lui firent ériger un tombeau dans le bourg du Céramique. Par un décret public, où ils faisaient son éloge, comme d'un philosophe dont la vie avait été conforme à ses préceptes, et qui avait perpétuellement excité à la vertu les jeunes gens mis sous sa discipline, ils lui décernèrent une couronne d'or, et lui firent rendre des honneurs extraordinaires, *afin*, disait le décret, *que tout le monde sache que les Athéniens ont soin d'honorer les gens d'un mérite distingué, et pendant leur vie et après leur mort.*

Les partisans de la philosophie de Zénon se nommèrent *stoïciens*, du nom d'un portique où ce sage se plaisait à discourir.

AGIS et CLÉOMÈNES,

ROIS DE SPARTE,

Morts; le premier vers l'an 241, et le second vers l'an 220 avant notre ère.

Sparte n'avait plus rien de l'ancienne sévérité de ses mœurs ; les richesses et les voluptés qui les accompagnent s'étaient glissées dans son sein, et avaient corrompu les habitans au point qu'ils ne ressemblaient presque en rien à leurs ancêtres : leur gloire avait passé avec leur austérité. Un jeune homme, *Agis*, l'un des deux rois, voulut faire revivre les lois de Lycurgue, et avec elles les vertus qui avaient distingué Sparte. Personne plus que lui cependant n'aurait pu suivre plus facilement le torrent : sa mère et son aïeule, amies des plaisirs et de la magnificence, l'y engageaient, et possédaient assez de richesses pour satisfaire aux desirs qu'il aurait pu former. Ce vertueux jeune homme, qui ne voyait dans cette conduite que la faiblesse et la honte de sa patrie, se roidissait au contraire avec force contre tous les attraits du luxe, marchait vêtu simplement, et disait qu'il n'aurait pas voulu être roi, s'il n'eût eu l'espoir de remettre en vigueur les ordonnances de Lycurgue. Quand il en vint à proposer les réformes qu'il méditait, les jeunes gens, contre son attente, se déclarèrent en sa faveur; mais les personnes âgées, vieillies dans la corruption, craignaient, dit Plutarque, de retourner aux lois de Lycurgue, autant qu'un esclave fugitif craint de retourner auprès de son maître. Ceux qui l'approuvèrent plus fortement furent *Lysandre*, *Androclide* et *Agésilas*, des principales maisons de Sparte; le dernier était oncle maternel d'Agis. Chacun d'eux cependant avait des vues différentes; les deux premiers étaient de bonne foi, mais Agésilas, qui avait de très-grandes possessions, n'avait nullement envie qu'on en vînt à refaire le partage des terres institué par Lycurgue; le fardeau de ses dettes, dont il ne pouvait se décharger, l'incitait seulement à conduire les choses au point que l'abolition des dettes seules eût lieu. Aussi mit-il plus d'activité que personne à faire réussir le projet d'Agis. Il se chargea de gagner sa sœur et un grand nombre de dames lacédémoniennes, qui ne voulaient rien entendre à ce sujet ; il se fit même nommer éphore pour avoir plus d'autorité et le droit de parler au nom du peuple, qui, réduit à la misère, ne demandait pas mieux que de gagner quelque chose aux dépens de ceux qui s'étaient enrichis. *Léonidas*, l'autre roi de Sparte, qui était fort riche, et qui avait pris le goût de la magnificence en Asie, fut celui qui apporta les plus grands obstacles à la réforme, et il eut tous les riches et les usuriers pour lui. Mais Agésilas, qui avait des ressources, fit voir que Léonidas ayant vécu et pris femme en pays étranger, était, par les lois, non-seulement exclus de la royauté, mais encore du droit de citoyen ; il le fit donc déposer et chasser : son intention était même de le faire assassiner ; mais Agis, qui ne desirait que le bien commun, l'ayant appris, donna une escorte à ce roi détrôné, qui se retira sain et sauf.

Les obstacles levés, Agis déclara qu'il abandonnait ses possessions qui étaient considérables, et six cents talens qu'il avait en argent. Une générosité semblable lui valut les louanges qu'il méritait, et l'abolition des dettes et le partage des terres allaient enfin avoir lieu sans difficulté; mais le perfide Agésilas, menant toujours les choses à son point, fit en sorte que l'abolition des dettes fût consommée avant tout. Les contrats et obligations ayant donc été apportés sur la place, on les amoncela et on les réduisit en cendres. *Quel feu de joie!* s'écria-t-il; *c'est le plus beau que j'aie vu de ma vie.* Il y gagnait effectivement assez pour s'en réjouir; mais ce premier pas fait, il trouva nombre de moyens pour éloigner le partage des terres; et Agis ayant été obligé de quitter la ville, à cause de la guerre qui l'appelait ailleurs, tout fut changé en son absence. Léonidas fut rétabli sur le trône, et quand Agis revint avec son armée, il fut déclaré criminel, et n'eut que le temps de se jeter en franchise dans un temple. Le respect que les peuples avaient alors pour leurs dieux, ne leur permettait pas de souiller par aucune violence les enceintes où on les adorait. Agis vécut ainsi quelque temps, mais il ne se tint pas assez sur ses gardes; il fut surpris un jour hors du temple, et les éphores, qui étaient du parti de Léonidas, lui firent à la hâte une espèce de jugement par lequel il était condamné à être étranglé, pour avoir voulu introduire des nouveautés dans l'État. Comme ils craignaient que le peuple, instruit de ce qui se passait, ne vînt à remuer, ils firent suivre aussitôt l'exécution. Agis, prêt à subir son sort, remarquant un sergent qui pleurait, lui dit : *Tranquillise-toi, mon ami, je meurs, mais plus homme de bien que ceux qui m'ont condamné.* Sa mère, qui était accourue à la première nouvelle de son arrestation, fut exécutée après lui : *O mon fils!* dit-elle en voyant son corps déjà privé de la vie, *ce sont ta clémence et ta bonté qui sont causes de ta mort et de la nôtre.* Son aïeule fut aussi enveloppée dans son malheur, et périt à côté de ses enfans. C'est un des nombreux exemples offerts par l'histoire, que le bien que l'on veut faire aux peuples coûte souvent plus cher à ceux qui font ces louables tentatives, que le mal ne coûte aux méchans qui en profitent.

Léonidas, resté seul roi de Lacédémone, maria son fils *Cléomènes*, quoique beaucoup trop jeune encore, avec la veuve d'Agis, qui était une des plus belles femmes de Sparte. En grandissant, Cléomènes prit pour son épouse l'amour le plus tendre, et se plut à lui entendre raconter les efforts qu'avait faits inutilement Agis; insensiblement il se sentit échauffé lui-même des desirs qu'Agis avait formés; mais comme il n'y avait point de sûreté pour lui à divulguer ses sentimens à ce sujet, il les renferma en lui jusqu'au moment où son père lui laissa le trône par sa mort. Il usa alors des moyens qui lui parurent les plus propres à le faire parvenir à son but. Comme la puissance des éphores l'emportait alors sur celle même des rois, il crut devoir commencer ses réformes par la destruction de cette autorité. L'exemple d'Agis lui fit sentir qu'il avait besoin d'user de prudence ; il chercha donc à occuper les Lacédémoniens par quelque guerre qui ne leur permît point de trop songer aux affaires civiles. L'occasion d'un démêlé avec les Achéens se présenta bien à propos ; ses victoires, en lui donnant plus de considération, lui facilitèrent l'exécution de ses desseins. Rentré dans Sparte, il fit surprendre et tuer les éphores, qui, seuls, pouvaient lui opposer de puissans obstacles. Cette espèce d'assassinat lui faisait beaucoup de peine, mais il se trouvait forcé de le commettre. Il bannit aussi de la ville quatre-vingts citoyens ; ensuite il fit partager, d'abord ses biens, ceux de ses parens, et ensuite ceux de tous les plus riches propriétaires. Il chassa le luxe et les voluptés de la ville, et fit revivre une partie des lois de Lycurgue : il donna lui-même l'exemple de la simplicité comme avait fait Agis ; mais d'un caractère plus ferme et plus opiniâtre, il se servit de la contrainte là où la douceur ne pouvait rien. Cependant, pour ne point alarmer les Lacédémoniens sur son intention secrète, il partagea la royauté, suivant l'usage de

Sparte, et choisit pour collègue son frère *Euclides*.

Les Achéens, qui croyaient ce remuement favorable à leur vengeance, se mirent en campagne ; mais Cléomènes les rencontra bientôt et les battit ; il les eût même amenés à une paix avantageuse, et qui rendait à Sparte sa prééminence sur la Grèce, si *Aratus*, leur général, désespéré de voir l'élévation rapide de Cléomènes, n'eût appelé au secours de sa patrie *Antigone*, roi de Macédoine. D'abord les Lacédémoniens eurent de grands avantages ; mais dans une dernière bataille, que Cléomènes fut contraint de donner trop tôt, faute d'argent, ils furent entièrement défaits, et *Antigone* s'empara de la ville de Sparte.

Dans sa détresse, Cléomènes fut chercher une retraite en Egypte. *Ptolémée Evergète*, qui régnait alors, l'accueillit très-bien, et lui promit de l'argent et des troupes pour le rétablir sur le trône ; mais malheureusement il ne vécut pas assez pour effectuer ses promesses. Cléomènes trouva dans le successeur de ce prince des dispositions toutes contraires; loin de pouvoir seulement obtenir son départ, il fut entièrement privé de la liberté; on le resserra, lui et ses amis, dans une maison que l'on entoura de gardes. Cléomènes était fait pour les actions extraordinaires : quand il vit qu'il ne lui restait plus d'espoir, il persuada à ses amis de s'échapper avec leurs armes de leur prison, et de faire soulever la ville d'Alexandrie, où ils se trouvaient; le roi d'Egypte en était pour lors éloigné. Ses amis, aussi courageux que lui, entrèrent dans ses vues; ils cherchèrent donc à endormir la surveillance de leurs gardes, ils trouvèrent même le moyen de les enivrer, et sortirent de leur prison l'épée à la main, et au nombre seulement de treize. A peine furent-ils dans les rues, qu'ils crièrent de toutes leurs forces : *liberté! liberté!* mais les habitans, loin de répondre à cette témérité généreuse, en furent si étonnés, qu'ils s'enfuirent dans leurs maisons, et laissèrent leur ville, en quelque sorte, en la puissance d'un aussi petit nombre d'hommes, qu'ils n'osaient ni imiter ni arrêter. Cléomènes voyant tout le monde sourd à leur voix, dit à ses amis : *Est-il étonnant que ce peuple obéisse à des femmes ? il est si lâche qu'il fuit au seul mot de liberté !* Il invita ensuite tous ses amis à chercher une mort digne de vrais Spartiates et d'hommes libres, sans attendre celle que leurs ennemis leur donneraient comme à des criminels. Au même instant, après s'être embrassés, ils s'entretuèrent, se portant des coups mutuels, comme les derniers services qu'ils pussent se rendre. Ainsi Cléomènes, aussi bien intentionné qu'Agis, mais plus grand guerrier, éprouva une fin également malheureuse, et n'eut pas plus que lui la consolation de mourir avec la pensée d'avoir établi l'édifice pour lequel ils s'étaient sacrifiés.

PHILOPÉMEN,

GÉNÉRAL ACHÉEN,

Vers l'an 208 avant notre ère.

PHILOPÉMEN était originaire de Mantinée ; mais son père ayant été chassé de

son pays, il fut élevé à Mégalopolis, qu'il adopta pour sa patrie. Resté orphelin dans son enfance, il eut le bonheur de tomber entre les mains d'un ami de son père, qui ne négligea rien pour son éducation. Philopémen profita des soins de cet ami, et se distingua bientôt parmi les jeunes gens de sa ville. Les héros qui avaient illustré la Grèce furent les modèles qu'il se proposa de suivre, et son courage répondit à la hardiesse de l'entreprise. C'était peu pour lui que de former son cœur et ses mœurs; il porta l'ambition jusqu'à inspirer à ses concitoyens le noble desir dont il était animé lui-même. La tâche était difficile : les Mégalopolitains, comme tout le reste des Grecs, n'avaient plus rien de cet ardent amour de la liberté qui en avait fait des hommes invincibles; les jouissances du luxe et le desir des richesses avaient presque détruit leur ancien courage. Philopémen ne tenta pas de les ramener à une vie plus austère; il se contenta de leur inspirer le desir d'être les meilleurs guerriers; et, tournant le luxe de ses jeunes compagnons vers l'art militaire, il les porta à desirer des armes magnifiques, à s'en faire une sorte de parure, et à mériter d'être loués par les vieillards et par les dames, en s'en servant adroitement. Ce fut ainsi qu'en profitant des vices mêmes de ses concitoyens, il en fit bientôt d'habiles soldats, avec lesquels il exécuta dans la suite de grandes choses, et éleva la ligue des Achéens au-dessus des autres peuples de la Grèce.

Mais, pour se donner une certaine prééminence sur ses jeunes compagnons, ce n'eût pas été assez de sa bonne volonté; il commença par donner des marques non équivoques de son courage, et du génie qu'il avait reçu pour l'art militaire. Dans les courses que les habitans de Mantinée faisaient sur les terres des Lacédémoniens, il était toujours le premier à attaquer, et le dernier à quitter le combat. Il avait déjà trente ans quand Cléomènes, roi de Lacédémone, vint s'emparer, à l'improviste, de Mégalopolis : ce fut lui qui s'opposa le plus vivement à ce que les Mégalopolitains fissent alliance avec les Lacédémoniens. Dans la suite, il décida, par son courage, la victoire en faveur d'Antigone, roi de Macédoine, qui était venu au secours des Achéens. Il n'était alors que simple cavalier parmi les Mégalopolitains ; mais dans le danger, sa valeur et sa prudence l'en rendirent en effet le chef. Il eut dans l'action les deux cuisses traversées par une javeline. Ce fut un grand contre-temps pour lui ; car c'était dans le moment même où il faisait tourner le dos aux ennemis. Sans s'arrêter à la douleur qu'il éprouvait, il brisa le bois de la javeline, qui lui tenait les cuisses unies l'une à l'autre, et continua ainsi de poursuivre les ennemis et d'encourager les siens. Tant de courage le fit distinguer par Antigone et par les Achéens ; ceux-ci l'élurent, à son retour, leur général. Ce fut alors qu'il employa son autorité et son exemple à discipliner ses concitoyens. Son élévation ne lui fit point oublier la simplicité austère de ses mœurs ; il était vêtu si modestement, qu'un jour, ayant été invité à dîner par un habitant de Mégare, l'épouse de ce dernier, qui ne le connaissait point, le voyant arriver seul, le prit pour un valet, et lui commanda de fendre du bois en attendant son maître. Philopémen obéit sans répliquer, et surprit beaucoup le maître de la maison qui, entrant un instant après lui, le trouva occupé à ce travail. Eh quoi ! seigneur, lui dit-il, que faites-vous donc là ? *Je porte, répondit-il, la peine de mon peu d'apparence.* Il avait une fort belle possession aux portes de Mégalopolis, et ne manquait jamais d'y aller travailler chaque fois que les affaires publiques lui laissaient un peu de loisir. Il remuait lui-même la terre comme ses ouvriers, et passait comme eux la nuit sur une méchante paillasse, ne négligeant rien de ce qui pouvait l'endurcir aux fatigues et le rendre plus propre à supporter les travaux militaires.

Dans la guerre que les Achéens eurent contre *Machanidas*, tyran de Lacédémone, Philopémen tua ce dernier de sa main, et décida par ce coup la victoire en sa faveur. Les Achéens, pour prix de sa bravoure, lui élevèrent une statue d'airain, dans la situation même qu'il avait eue en renversant l'ennemi, et la placèrent dans le temple de Delphes.

Philopémen ternit l'éclat de sa gloire par l'abandon momentané où il laissa sa patrie. Elle avait alors une guerre considérable à soutenir contre *Nabis*, successeur de Machanidas, et il n'eut pas honte d'aller offrir ses services aux habitans de l'île de Crète. On rapporte que ce fut par dépit de n'avoir pas été nommé général dans cette guerre : ceci annoncerait qu'il manquait de cette générosité qui fait les véritables grands hommes. Les Mégalopolitains, qui regardèrent cette désertion comme une trahison, voulurent le bannir et le priver du droit de cité ; et ils l'eussent fait, si *Aristénètes*, alors général des villes de l'Achaïe, ne s'y fût opposé, quoiqu'ennemi particulier de Philopémen.

Après avoir acquis une nouvelle réputation d'excellent guerrier parmi les Crétois, il revint dans l'Achaïe, et fut élu général par toutes les villes liguées. La guerre se continuait contre Nabis. Philopémen ayant à l'attaquer sur mer, fut d'abord vaincu, parce qu'il n'entendait rien à la marine ; mais il eut bientôt sa revanche sur terre : il défit entièrement les Lacédémoniens, et fut s'emparer de Sparte, dans le premier trouble qu'y causa la nouvelle de leurs revers. Il réduisit cette ville qui, dans d'autres temps, avait commandé à toute la Grèce, à ne plus faire que partie de l'Achaïe.

La vente des biens et de la maison de Nabis ayant produit une somme considérable, les Lacédémoniens résolurent de l'envoyer en présent à Philopémen. Ceux qui furent chargés de porter ce don, connaissant l'austérité de Philopémen, craignirent de le lui offrir de prime-abord, et cherchèrent des détours pour le lui faire accepter; mais ayant à la fin deviné de quoi il était question: *Lacédémoniens, leur dit-il, c'est aux gens méchans et mal intentionnés qu'il faut porter cette somme, afin que, retenus par ce don, ils fassent moins de mal à la République! les amis n'ont besoin d'avoir ni la bouche close, ni les mains liées.* Il fit donc remporter le présent.

Quelque temps après les Lacédémoniens ayant remué, *Diophanes*, qui pour lors était général des Achéens, s'apprêta à les châtier. Philopémen tâcha de l'adoucir, et lui remontra que les Romains et les Macédoniens étant en guerre, c'était là qu'il devait avoir l'œil, sans s'amuser à châtier quelques fautes qui ne pouvaient tirer à conséquence. Diophanes n'ayant fait aucun compte de ses observations, et marchant sur Sparte avec *Titus Quintius*, général des Romains, il en eut tant de dépit qu'il se jeta lui-même dans Sparte, et empêcha, quoique homme privé, le général des Achéens et le consul romain d'y entrer. Mais ensuite ayant appaisé les troubles, il remit cette ville en la communauté des Achéens, comme elle était auparavant. Il n'en fut cependant pas plus favorable dans la suite aux Lacédémoniens ; car ceux-ci ayant encore commis quelques fautes, pendant qu'il était général, il les contraignit à recevoir leurs exilés, en condamna quatre-vingts à mort, fit abattre leurs murailles, leur ôta une partie de leur territoire qu'il donna aux Mégalopolitains, chassa les étrangers qui avaient reçu le droit de cité sous les tyrans, vendit comme esclaves ceux qui refusèrent d'obéir ; *et pour se souler encore davantage de faire le pis qu'il pouvait aux Lacédémoniens,* dit Plutarque, *et par manière* de dire, les fouler aux pieds en leurs afflictions plus grièves qu'ils n'avaient mérité, il fit un acte très-cruel, contre toute raison et contre toute justice; c'est qu'il les contraignit de laisser la discipline et manière de nourrir les enfans que Lycurgue leur avait anciennement instituée, et les força de prendre celle dont l'on usait en Achaïe, au lieu de celle dont ils avaient d'ancienneté accoutumé d'user en leur pays, parce qu'il voyait bien qu'ils n'auraient jamais les cœurs bas ni petits tant qu'ils garderaient les ordonnances de Lycurgue.

Il fit dans la suite tout ce qui fut en son pouvoir pour maintenir l'Achaïe dans l'état glorieux où il l'avait établie. Mais les Romains commençaient à s'établir de plus en plus dans la Grèce, et entouraient déjà l'Achaïe; le moment où cette partie du monde, qui avait joué un si beau rôle, devait rentrer dans le néant pour laisser à une autre nation la même prééminence, ce moment approchait. Philopémen ne vit point sa patrie tomber sous le joug étranger. Il avait soixante-dix ans lorsqu'il fut, pour la huitième fois, élu général des Achéens. Pendant l'année de son exercice, Messène, ville sujette de la ligue Achéenne, se révolta. Un particulier nommé *Dinocrate*, connu seulement par le mal qu'il avait fait, s'était emparé du pouvoir dans cette ville. A cette nouvelle, Philopémen, quoiqu'attaqué de la fièvre, marcha sur-le-champ contre Messène, et mit d'abord en fuite Dinocrate, qui était venu à sa rencontre; mais ce dernier, ayant reçu un renfort, poursuivit à son tour ses ennemis. Philopémen, courageux comme dans sa jeunesse, marcha le dernier pour repousser les Messéniens qui le pressaient de trop près, et assurer la retraite à sa troupe composée de gens d'élite, mais peu nombreux. Dans l'ardeur de la défense, il oublia de marcher assez vite, et se trouva entouré loin des siens, de façon que succombant au nombre, il fut renversé de son cheval, et se trouva si étourdi de la chute, qu'on s'empara de lui avant qu'il eût repris ses sens. Dinocrate, qui était son ennemi particulier, le fit plonger dans un cachot ; et craignant d'être obligé de le rendre, il se hâta de le faire périr. Ce grand homme voyant venir auprès de lui le bourreau, pendant les ténèbres, se douta de ce qui l'amenait ; mais oubliant sa position, il demanda ce qui était arrivé à sa troupe. On n'a pu la joindre, répondit le bourreau : *Graces soient rendues aux dieux*, s'écria Philopémen, *puisque nous n'avons pas été entièrement malheureux !* Il prit ensuite la coupe empoisonnée, l'avala d'un trait, et se coucha pour attendre la mort ; elle ne tarda pas à venir, le trouvant usé par les fatigues, par l'âge, et rongé par la fièvre qu'il avait depuis quelque temps.

Sa mort ne resta pas long-temps sans vengeance : les Mégalopolitains tombèrent sur Messène, portant par-tout le fer et le feu, et n'arrêtèrent leur fureur que lorsqu'ils eurent appris que Dinocrate et ses partisans s'étaient eux-mêmes donné la mort. Ils recueillirent les restes de Philopémen, et les emportèrent dans leur ville, où ils leur donnèrent une magnifique sépulture.

Les actions de Philopémen apprennent

ce qu'il fut : grand guerrier, mais trop peu maître du caractère altier qui lui fit commettre plusieurs actions indignes de lui, et contre la justice. On l'appela *le dernier des Grecs*, et ce fut effectivement lui qui termina cette longue et belle liste des grands hommes qui immortalisèrent le pays qui eut le bonheur de les faire naître.

HAMILCAR,

GÉNÉRAL CARTHAGINOIS,

Mort l'an 460 avant notre ère.

Ce fut sur la fin de la première guerre punique qu'*Hamilcar*, fils d'*Annibal*, surnommé *Barcas*, commença à commander dans la Sicile. Il était alors très-jeune, mais chez lui, le génie tint lieu d'expérience. Avant son arrivée en Sicile, les Carthaginois n'avaient eu que des revers sur mer et sur terre ; à peine eut-il pris le commandement que la fortune changea ;

l'ennemi ne put ni lui faire lâcher le pied, ni seulement l'entamer; il sut, au contraire, si bien choisir ses occasions, qu'il remporta plusieurs avantages; et quoique les Carthaginois eussent perdu presque toutes leurs conquêtes en Sicile, il défendit si bien la ville d'Eryx, qu'il semblait qu'on n'eût point fait la guerre dans ce quartier-là.

» Sur ces entrefaites, les Carthaginois ayant été battus sur mer aux îles Egates, à l'occident de la Sicile, par le consul *Lutatius*, résolurent de terminer cette guerre. Ils donnèrent à Hamilcar le pouvoir d'agir à cet effet. Quoique ce jeune guerrier ne respirât que les armes, il crut cependant devoir s'attacher à la paix, sentant sa patrie épuisée et hors d'état de soutenir plus long-temps les frais d'une guerre malheureuse. Mais, dans ce moment même, il méditait de poursuivre les Romains, pour peu que les forces de Carthage se rétablissent, jusqu'à ce que ceux-ci fussent vainqueurs, ou s'avouassent vaincus. Ce fut dans cette intention qu'il fit la paix. Il traita si fièrement avec l'ennemi, que Catulus

tulus lui déclarant qu'il ne terminerait la guerre qu'à condition qu'il mettrait bas les armes, lui et sa garnison, et évacuerait ainsi la Sicile ; il répondit *qu'il périrait plutôt sous les ruines de sa patrie, que de retourner à Carthage avec une telle infamie, et qu'il était indigne de sa vertu de remettre aux ennemis les armes mêmes que sa patrie lui avait données pour s'en servir contre eux.* Catulus fut contrait de céder à son opiniâtreté. »

« Hamilcar, arrivé à Carthage, trouva la république dans un état bien différent de celui auquel il s'était attendu. Les longs malheurs d'une guerre étrangère avaient allumé dans son sein des troubles si violens, que Carthage ne se vit jamais dans un semblable péril, si ce n'est le jour de sa ruine. Les mercenaires qu'elle avait employés contre les Romains, et qui étaient au nombre de vingt mille hommes, commencèrent par se révolter ; ils soulevèrent ensuite toute l'Afrique, et vinrent assiéger Carthage même. Tant de malheurs effrayèrent si fort les Carthaginois, qu'ils demandèrent du secours même aux Romains, qui leur en accordèrent; mais enfin, presque réduits au désespoir, ils mirent Hamilcar à leur tête. Non-seulement ce général repoussa des murs de Carthage, des ennemis dont le nombre s'était accru jusqu'à plus de cent mille hommes, mais il les accula dans des lieux étroits et serrés où la faim en fit plus périr que le fer. Il fit rentrer sous l'obéissance de Carthage toutes les villes révoltées, entre autres Utique et Hippone, les plus fortes places de l'Afrique. Non content de ces avantages, il étendit les bornes de l'empire carthaginois, et rétablit si bien le calme dans toute l'Afrique, qu'il semblait qu'elle avait été sans guerre depuis grand nombre d'années. »

« L'heureux succès de ces expéditions le remplit de confiance, et fortifia sa haîne contre les Romains. Pour se procurer plus facilement l'occasion de rentrer en guerre avec eux, il se fit envoyer en Espagne. Il y mena son fils Annibal, qui n'avait alors que neuf ans. Il avait encore avec lui *Asdrubal*, jeune carthaginois d'une famille illustre, à qui il fit épouser sa fille. ».

« Hamilcar ayant passé la mer et pris terre en Espagne, fut secondé de la fortune et fit de grandes choses. Il assujétit les peuples les plus puissans et les plus belliqueux, remplit toute l'Afrique de leurs dépouilles, et l'enrichit d'armes et de chevaux, d'hommes et d'argent. Dans le temps qu'il méditait de porter la guerre en Italie, neuf ans après son arrivée en Espagne, il fut tué les armes à la main, dans un combat contre les Vectons (l'an 228 avant l'ère vulgaire). Sa haîne persévérante contre Rome paraît avoir été la principale cause de la seconde guerre punique. Ce fut en effet par les continuelles instances de son père qu'Annibal prit la résolution de périr, plutôt que de ne pas mesurer ses armes avec celles des Romains. Avant de quitter Carthage pour se rendre en Espagne, Hamilcar, qui aurait en quelque sorte voulu éterniser sa haîne, fit un sacrifice à Jupiter ; et prenant son fils par la main, il lui demanda s'il voulait venir avec lui à l'armée. Le jeune Annibal en marqua la plus grande joie. Alors Hamilcar, faisant retirer les assistans, étendit la main de son fils sur l'autel, et lui fit jurer *que jamais il ne serait ami avec les Romains*. Annibal en fit le serment, et n'y manqua pas un seul instant en sa vie. *(Extrait de Cornélius-Népos.)* Asdrubal prit le commandement de l'armée, après la mort d'Hamilcar, et le tint pendant huit ans.

ANNIBAL,

GÉNÉRAL CARTHAGINOIS,

Vers l'an 220 avant notre ère.

Annibal fit son premier apprentissage dans l'art militaire, sous son père Hamilcar, et retourna ensuite à Carthage. Asdrubal le rappela auprès de lui, et le retint pendant trois ans. Ce général ayant été assassiné par un esclave gaulois qui, par cette action, vengeait son maître, Annibal fut choisi d'une commune voix par l'armée, pour remplacer Asdrubal dans le commandement, vers l'an 220 avant notre ère. Le sénat de Carthage confirma ce choix par un décret. Annibal avait alors vingt-cinq ans. Sa haine pour les Romains attira aussitôt son attention sur les moyens de leur faire la guerre; mais comme on était en paix de part et d'autre, il chercha à rompre indirectement le traité, en attaquant et prenant Sagonte, ville d'Espagne, alliée des Romains. Il divisa ensuite son armée en trois parties; il en laissa une en Espagne, sous les ordres de son frère *Asdrubal*, fit passer la seconde en Afrique, et retint la troisième pour exécuter le projet hardi qu'il avait conçu de passer en Italie, et d'aller chercher les Romains au milieu de leur puissance même, voulant attaquer ce grand arbre à sa racine, pour l'abattre de manière à ce qu'il pérît entièrement. Il franchit les défilés des Pyrénées, combattit tous les habitans des lieux par où il passa, grossit son armée de ceux des Gaulois qui haïssaient comme lui les Romains, et vint au pied des Alpes qui séparent la Gaule de l'Italie. Jusqu'alors personne n'avait passé ces montagnes, que l'on regardait comme une barrière insurmontable; Annibal n'en fut point arrêté; son génie et son courage lui tracèrent un passage à travers les précipices, les neiges, les glaces et les rochers. En neuf jours il parvint au sommet des Alpes; cinq autres jours lui suffirent pour traverser la partie qui regarde l'Italie. La nature ne lui présenta pas les seuls obstacles qu'il eut à vaincre; il fut encore obligé de combattre et de repousser les montagnards qui tentèrent de l'arrêter; enfin il se trouva dans l'Italie. Turin se rencontrant sur son passage, il s'en empara; il fut ensuite attaquer le consul *P. Cornélius Scipion*, et le défit près des bords du Tésin. Quelque temps après il attaqua l'autre consul *T. Sempronius Longus*, près de la rivière de Trébie, le défit également, et le mit en fuite. Les Romains perdirent vingt-six mille hommes, mais firent acheter chèrement la victoire aux Carthaginois.

Ces deux avantages, qui eurent lieu en hiver, facilitèrent ses autres succès; mais, ne se trouvant pas en sûreté dans le lieu où il était, à cause des Gaulois qui, après s'être joints à lui, cherchèrent à lui faire un mauvais parti pour terminer la guerre qu'ils trouvaient trop longue, au printemps il se rendit dans la Toscane. Les endroits marécageux par où il fut obligé de passer, lui firent perdre beaucoup de son monde et de ses chevaux; il en fut lui-même si incommodé, qu'il perdit presque un de ses yeux. Cela ne l'empêcha pas d'avancer et d'agir avec tant d'adresse, qu'il attira le consul romain, *Curius Flaminius*, près du lac de Trasimène, et qu'il tomba sur lui avec tant d'avantage, qu'il lui tua quinze mille hommes et lui fit six mille prisonniers; le consul lui-même perdit la vie dans cette bataille, où sa trop grande présomption l'avait engagé. Annibal renvoya sans rançon les prisonniers latins qu'il avait faits, et les traita avec beaucoup de douceur et d'humanité, afin de se faire une réputation de clémence qui pût lui être utile à l'avenir parmi les nations qu'il allait combattre. Car, dans le fait, il était d'un caractère inflexible et cruel, et s'était habitué, dès sa première jeunesse, au meurtre, à la trahison et à la surprise envers l'ennemi, sans se soucier des lois ni des droits qui règnent entre les peuples. Ce fut même par ces moyens qu'il devint le capitaine le plus rusé de son temps, et qu'il sut tromper ses ennemis quand il ne put les vaincre.

Lorsqu'on apprit à Rome la défaite totale de Flaminius, on eut recours au moyen employé dans les plus grands dangers de la république; on nomma un dictateur, et le choix tomba sur *Q. Fabius*, qui depuis eut le surnom de *Maximus*, *très-grand*. La première qualité de Fabius était la prudence, et il en usa de manière à sauver Rome. Il vit que dans la situation où étaient les affaires, c'est-à-dire, pendant que les Carthaginois étaient dans toute leur force et l'ivresse de leurs succès, et que les Romains étaient au contraire à moitié vaincus par le spectacle de leurs revers et la crainte du vainqueur, il fallait se garder d'en venir à des actions décisives; il employa donc les délais, observa les mouvemens d'Annibal, et le fatigua par des marches multipliées, en évitant toujours le combat. Il eut même l'adresse de l'enclore dans des montagnes, de manière que les Carthaginois fussent morts de faim, ou se fussent enfuis avec honte, si leur général n'avait eu en lui des ressources pour toutes les circonstances. Annibal voyant où l'avait conduit son imprudence, épia le moment de faire agir une ruse assez extraordinaire : il se fit amener deux mille bœufs, leur fit attacher aux cornes des torches allumées, et ordonna à quelques-uns de ses gens de les conduire pendant la nuit au haut de la montagne. Les pâtres romains, qui étaient sur cette montagne, ayant vu s'approcher cette quantité de flambeaux, en furent si effrayés, qu'ils quittèrent la place, et furent se réfugier dans le camp, qui, également étonné de cette nouveauté, n'osa remuer, et attendit avec impatience le jour, pour savoir à quoi s'en tenir. Annibal, qui l'avait prévu, profita de leur étonnement et de leur crainte pour s'échapper sans danger, et conduire son armée dans une position plus avantageuse. Il s'en fut aux environs d'Albe, feignit de marcher sur Rome, et s'en retourna en Apulie, où il prit Glarène, qui lui convenait assez pour établir ses quartiers d'hiver.

Fabius qui l'avait suivi, établit son camp près du sien ; mais les affaires de la république l'appelant dans le sein de Rome, il fut obligé de remettre le commandement à *Minutius*, son lieutenant-général, à qui il donna ordre de suivre la marche qu'il avait commencée, en éclairant toutes les actions d'Annibal, et évitant avec soin d'en venir aux mains. Minutius, qui voulait effacer la gloire de Fabius et le faire passer pour un homme timide, s'empressa au contraire de chercher l'occasion du combat, et tomba sur un gros de Carthaginois qui allaient fourrager. L'avantage qu'il eut dans cette escarmouche enfla tellement le cœur des Romains, qu'ils donnèrent à Minutius une autorité égale à celle du dictateur Fabius, ce qui ne s'était jamais vu avant cette époque Minutius, fier de ce droit, et qui se croyait capable de vaincre Annibal, lui livra bataille, sans même en donner avis à son collègue. Sa témérité eut l'issue qu'avait prévue Fabius ; Annibal entoura son armée, et il n'en fût presque réchappé personne, si Fabius, plus touché du malheur de sa patrie que de l'injure qu'il avait reçue, ne fût accouru à son secours pour sauver les Romains, et arracher une partie de la victoire aux Carthaginois. Cette journée fut un triomphe pour Fabius, dont tous les Romains reconnurent alors le génie et la prudence. Minutius lui-même eut le courage d'avouer ce que valait le dictateur, et vint, de son propre mouvement, remettre en ses mains le pouvoir qu'il avait reçu.

L'année suivante, l'armée romaine se trouva, comme de coutume, sous l'autorité de deux consuls qui avaient été nommés après la dictature de Fabius. Ces deux consuls étaient *L. Paul Émile* et *Térentius Varron*. Le premier, homme instruit par l'expérience, et de la plus grande capacité, voulait suivre la méthode de Fabius; mais Ter. Varron, plus ambitieux de gloire que capable d'en acquérir, attendit le jour où l'autorité souveraine lui appartenait, et livra la bataille près d'un bourg appelé Cannes. C'était ce qui pouvait arriver de plus heureux à Annibal, qui, ayant son armée composée de différens peuples, avait toujours à craindre de s'en voir abandonné, et ne redoutait par conséquent rien tant que les délais. Jamais les Romains n'éprouvèrent une défaite aussi considérable; ils eurent, dit Plutarque, cinquante milles hommes de tués et quatorze mille de prisonniers. L. P. Émile fut du nombre des morts, et Varron se sauva honteusement avec quelques débris d'une armée considérable, que son ignorance présomptueuse venait de perdre. On rapporte qu'Annibal envoya à Carthage par *Magon*, son frère, trois boisseaux d'anneaux pris à cinq mille six cents chevaliers qui périrent dans ce combat. Rome était perdue si les Carthaginois eussent marché sur elle aussitôt; mais Annibal s'amusa à les faire reposer, et fut passer son hiver à Capoue. Les Romains reprirent courage, rassemblèrent leurs forces, les augmentèrent, et présentèrent, dans la suite, des obstacles que l'ennemi n'eût point trouvés dans le premier moment. *Tite-Live* et plusieurs autres historiens attribuent les revers qu'il éprouva dans la suite, aux délices de la ville de Capoue, qui amollirent ses soldats; mais *Condillac* pense différemment. Il est faux, suivant lui, que les plaisirs eussent amolli les soldats et perdu la discipline : Annibal se maintint encore en Italie treize à quatorze ans; il prit des villes, il remporta des victoires; et lorsqu'il eut des revers, ses troupes, toujours fidelles, s'exposèrent sans murmure à de nouvelles fatigues. Il n'y eut jamais, dit *Polybe*, de sédition dans son armée. La vraie raison de la décadence d'Annibal, c'est que Rome faisait tous les jours de plus grands efforts : elle leva dans une seule année jusqu'à dix-huit légions; elle employa ses meilleurs généraux, et il s'en était formé de bons. Annibal ne recevant presque aucun secours de Carthage, et voyant son armée diminuer chaque jour, marcha en vain du côté de Rome pour l'assiéger; les Romains en furent si peu effrayés, qu'ils vendirent la terre où Annibal campait, et envoyèrent, le même jour, un secours considérable en Espagne. La pluie, les orages et la grêle l'obligèrent de décamper sans avoir le temps, pour ainsi dire, de voir les murailles de Rome. Le consul *Marcellus* en vint ensuite aux mains avec lui dans trois différens combats, mais il n'y eut rien de décisif; et comme il en présentait un quatrième, Annibal se retira, en disant : *Que faire avec un homme qui ne peut demeurer ni vainqueur ni vaincu ?* Cependant Asdrubal, son frère, s'avançait en Italie pour le secourir; mais *Claude Néron*, consul, lui ayant livré bataille, tailla son armée en pièces, et le tua lui-même. Néron, rentré dans son camp, fit jeter à l'entrée de celui d'Annibal la tête sanglante d'Asdrubal. Le Carthaginois, en la voyant, *dit qu'il ne doutait plus que le coup mortel ne fût porté à sa patrie.*

En effet les Romains, sous la conduite de *Publ. Scipion*, avaient, par un coup aussi hardi que bien entendu, transporté la guerre aux portes même de Carthage. Annibal fut alors rappelé en Afrique, au secours de son pays. Il y passa aussitôt, abandonnant toutes les espérances qu'il avait formées. Comme les fonds de l'état étaient épuisés, il desira de terminer la guerre pour le moment, afin de la faire ensuite avec plus de vigueur et de ressources. Il eut une entrevue avec Scipion, mais ils ne purent convenir des conditions de la paix. On en vint encore, près de Zama, à une bataille que les Romains gagnèrent; quarante mille Carthaginois y furent tués et prisonniers. Carthage fut alors obligée d'en passer par toutes les conditions que Rome présentait. Annibal fut, d'après la demande des Romains, destitué du commandement général des troupes, et créé préteur; mais ayant appris que Rome, encore peu satisfaite, exigeait de plus qu'on le lui livrât, il s'enfuit de Carthage, et fut se réfugier chez *Antiochus*, roi de Syrie, qu'il engagea, contre les Romains, dans une guerre dont l'issue ne fut point heureuse, parce qu'Antiochus, trop plein de ses propres idées, négligea les conseils du général carthaginois.

Après la défaite d'Antiochus, Annibal craignant d'être livré aux Romains, passa chez les Gortyniens, dans l'île de Crète.

Comme il était le plus fin des hommes, dit Cornelius-Népos, il vit qu'il risquerait beaucoup s'il ne prenait quelque précaution contre l'avarice des Crétois; il remplit donc de plomb plusieurs grands vases, et mit au-dessus de l'or et de l'argent; puis il les déposa dans le temple de Diane, en présence des Gortyniens, feignant de confier son bien à leur foi. Après les avoir ainsi abusés, il renferma son trésor dans le creux des statues d'airain qu'il portait avec lui, et les abandonna dans son logis à la vue de tout le monde. Il passa ensuite, avec toutes ses richesses, à la cour de *Prusias*, roi de Bithynie. Les Romains ne l'y laissèrent pas en repos, et députèrent *Quintius Flaminius* vers ce roi, pour se plaindre de ce qu'il lui donnait une retraite. Il ne fut pas difficile à Annibal de deviner quel était le sujet de cette ambassade : d'abord il essaya de se sauver par la fuite, mais il s'apperçut que les sept issues cachées qu'il avait fait pratiquer dans son palais étaient occupées par les soldats de Prusias, qui voulait faire sa cour aux Romains en trahissant son hôte. Il se fit donc apperter le poison qu'il gardait depuis long-temps pour s'en servir dans l'occasion, et le tenant entre ses mains : *Délivrons*, dit-il, *le peuple romain d'une inquiétude qui le tourmente depuis long-temps, puisqu'il n'a pas la patience d'attendre la mort d'un vieillard. La victoire que remporte Flaminius sur un homme désarmé et trahi, ne lui fera pas beaucoup d'honneur. Ce jour seul fait voir combien les Romains ont dégénéré : leurs pères avertirent Pyrrhus de se garder d'un traître qui voulait l'empoisonner, et cela dans le temps que ce prince leur faisait la guerre dans le cœur de l'Italie ; et ceux-ci ont envoyé un homme consulaire pour engager Prusias à faire mourir, par un crime abominable, son ami et son hôte !* Après avoir fait des imprécations contre Prusias, et invoqué contre lui les dieux protecteurs et vengeurs des droits sacrés de l'hospitalité, il avala le poison et mourut. Il avait alors 70 ans.

Q. FABIUS MAXIMUS,

DICTATEUR ROMAIN,

L'an 217 avant notre ère.

Comme nous avons déjà parlé de *Quintus Fabius* dans l'article précédent, nous ne dirons ici que ce qui est essentiel pour achever de faire connaître ce grand homme. Sa prudence lui fit donner le surnom de *Temporiseur*, et ses services lui méritèrent celui de *Bouclier de la patrie*, que le sénat et le peuple lui décernèrent. Dès son enfance il annonça ce qu'il serait. Son caractère était déjà reposé, même lent, taciturne, et peu porté vers les jeux et les amusemens du jeune âge. « On le voyait aussi, dit Plutarque, dur d'entendement; il avait peine à comprendre ce qu'on lui enseignait, mais il était obéissant à tous ceux avec qui il hantait : le tout ensemble faisait que plusieurs qui ne le connaissaient que par-dehors, jugeaient qu'il ne serait jamais qu'un lourdaud et un niais; mais il y en avait d'autres qui, le considérant de plus près, appercevaient en sa nature une constance immuable et une magnanimité de lion. Et lui-même depuis, étant excité par les affaires, donna bientôt à connaître que ce qu'on estimait en lui bêtise, était gravité qui ne s'émouvait en rien, et que ce qu'on jugeait timidité était prudence ; ce qu'il n'était point hâtif et remuant en chose quelconque, était fermeté et constance. »

Il fut cinq fois consul, et triompha des Liguriens dès son premier consulat. Mais la plus grande gloire qu'il acquit fut dans la guerre qu'il soutint contre Annibal. Sans lui les Romains eussent été perdus ; ils auraient été se détruire contre les forces des Carthaginois : il jugea qu'il valait mieux laisser se dissoudre de lui-même cet orage terrible, prêt à fondre sur Rome. Annibal, en effet, dont l'armée était composée de diverses nations, et qui se trouvait trop éloigné de son pays, n'avait rien tant à craindre que les délais. Fabius l'épuisa sans l'attaquer.

Son désintéressement était aussi grand que sa prudence. Étant convenu, pendant sa dictature, de racheter les prisonniers, moyennant une somme d'argent, et le sénat, mécontent de cet accord, ne voulant pas lui donner la somme promise, Fabius, pour ne point manquer à sa parole, et laisser languir ses concitoyens dans la captivité, fit vendre une grande partie de son patrimoine, et racheta avec l'argent qui lui en revint tous les Romains restés entre les mains des Carthaginois. Il savait aussi employer l'art des ruses : ce fut par ce moyen qu'il prit Tarente; ce qui fit dire au général carthaginois : *Les Romains ont donc aussi leur Annibal ?* Ce dernier, lassé du soin qu'il prenait d'éviter le combat, lui fit dire un jour : *Si Fabius est aussi grand capitaine qu'il veut qu'on le croie, il doit descendre dans la plaine et accepter la bataille.* Fabius répondit froidement : *Si Annibal est aussi grand capitaine qu'il le pense, il doit me forcer à la donner.*

Quand Cornélius Scipion voulut porter la guerre devant Carthage même, Fabius, qui ne prévit point l'effet qui devait en résulter, s'opposa de toutes ses forces à ce dessein, et continua de blâmer cette mesure comme téméraire, même après les premiers avantages de Scipion. Il ne fut point convaincu par le succès complet des armes romaines, car il mourut dans le temps qu'Annibal se disposait à quitter l'Italie. Il approchait alors de sa centième année. Les Romains contribuèrent aux frais de ses funérailles, non parce qu'il ne laissa point assez de bien, mais pour honorer plus dignement la mémoire de ce grand homme.

MARCELLUS,
GÉNÉRAL ROMAIN,
Tué l'an 207 avant l'ère vulgaire.

Marcus Claudius Marcellus fut, comme Fabius, cinq fois consul, et se montra aussi avec avantage contre Annibal, mais sous un autre point de vue. Il agissait tandis que son collègue observait;

ce qui lui fit donner le surnom *d'épée de la patrie*, comme Fabius en était nommé le *bouclier*. La nature lui avait donné une force égale à son courage, et jamais un ennemi ne l'attaqua qu'il n'en reçût la mort. Dans sa première jeunesse il remporta nombre de couronnes ou prix de valeur, et eut le bonheur de sauver la vie à son frère dans un combat. Son ardeur pour la guerre trouva de quoi s'exercer ; car, dans sa jeunesse, les Romains eurent à combattre contre les Carthaginois en Sicile ; dans la fleur de son âge, contre les Gaulois qui tentaient de s'emparer de toute l'Italie ; et dans sa vieillesse contre Annibal. Sa bravoure le fit bientôt remarquer, et il fut créé édile par le peuple, et augure par les prêtres. Pendant la guerre des Gaulois, il fut nommé consul, et prit, avec son collègue, le commandement des armées. S'étant trouvé en face des ennemis avec trop peu de monde, il voua à Jupiter, s'il sortait vainqueur, les plus belles armes qu'il pourrait conquérir. Dans le même temps, *Briomate*, roi des Gaulois, vint le défier de se mesurer seul avec lui. « C'était, dit Plutarque, le plus bel homme et le plus grand de tous les Gaulois, et si avoit son harnois tout doré et argenté, et tout enrichi de toutes sortes d'ouvrages et de couleurs qu'il en reluisoit comme l'éclair. Pourquoi Marcellus, ayant jeté sa vue sur toute la bataille des ennemis, et n'y ayant point apperçu de plus belles armes que celles de ce roi, jugea incontinent que c'étoit celui contre lequel il avoit fait sa prière et son vœu à Jupiter. Si picqua droit à lui, et lui donna un tel coup de javeline, aidant la force et la roideur de la course du cheval, qu'il lui faulsa sa cuirasse et le porta par terre, non encore mort cependant; mais il redoubla soudain deux ou trois coups dont il l'acheva de tuer, et se jeta aussitôt à bas de dessus son cheval pour s'emparer des armes. » L'imprudence du roi gaulois et la valeur de Marcellus décidèrent la victoire en faveur des Romains, qui, peut-être, vû leur petit nombre, auraient succombé. Les avantages qui suivirent cette bataille amenèrent bientôt la paix, et Marcellus rentra dans Rome avec les honneurs du triomphe, portant en trophée, au haut d'un jeune chêne, les armes de Briomate, qu'il fut placer dans le temple de *Jupiter Férétrien*.

Quelque temps après, Annibal étant entré dans l'Italie, Marcellus fut envoyé avec une armée de mer dans la Sicile ; mais il revint à Rome après la défaite de Cannes; et comme Fabius paraissait plus propre pour la défense que pour l'attaque, on lui adjoignit au consulat Marcellus, dont l'activité et les talens militaires étaient connus, et pouvaient, guidés par la prudence de son collègue, tourner au plus grand avantage de la république.

Dans la suite, Marcellus ayant été élu consul pour la troisième fois, fut renvoyé dans la Sicile, que les Carthaginois, encouragés par les succès d'Annibal, voulaient reconquérir. N'ayant pu ramener les Syracusains par la douceur, il les assiégea en même temps par terre et par mer ; mais *Archimède* en retarda la prise pendant trois ans par des machines qui détruisaient de fond en comble les ouvrages des assiégeans. Enfin la ville fut emportée par surprise, et abandonnée, quoique

contre

contre le vœu du général, au pillage du soldat. Marcellus répandit quelques larmes de voir tant de magnificence en un instant détruite; mais ce qui lui causa plus de douleur, fut la mort d'Archimède qu'il avait expressément ordonné d'épargner. Les objets d'art qu'il rapporta de Syracuse à Rome donnèrent aux Romains les premières connaissances des beaux ouvrages des Grecs, et les leur firent à l'avenir rechercher avec soin. Les vieillards le blâmèrent d'avoir introduit dans les murs de Rome ces nouveautés, qui n'étaient propres qu'à amollir l'ancienne austérité de mœurs.

De retour, Marcellus fut de nouveau opposé avec Fabius aux Carthaginois, et il eut la gloire de vaincre Annibal sous les murs de Nole. Sa réputation devait nécessairement lui faire des ennemis : ceux-ci choisirent le moment d'un petit revers qu'il éprouva pour l'accuser, et le forcer à rendre compte de sa conduite devant le peuple. Il se rendit sans peine dans la place, et raconta aux Romains ce qu'il avait fait pour le service de la patrie. Ce récit fut sa justification ; le lendemain il fut élu consul pour la cinquième fois, et retourna contre Annibal. Une imprudence de sa part fut cause de sa mort. Annibal paraissait avoir négligé un lieu très-propre à asseoir un camp; Marcellus, qui ne se douta pas que ce pouvait être une ruse de la part du Carthaginois, fut visiter ce lieu avec peu de monde, et emmena avec lui l'autre consul. A peine étaient-ils arrivés, que des Numidiens, cachés aux environs, fondirent sur eux, tuèrent Marcellus, et blessèrent à mort son collègue: ainsi, la république fut dans le même moment privée de ses deux consuls. Marcellus avait alors soixante ans. Annibal recueillit son corps avec les honneurs qui lui étaient dus, le fit brûler, en mit les cendres dans une urne d'argent, et les envoya au fils de cet illustre romain.

ARCHIMÈDE,

CÉLÈBRE MATHÉMATICIEN DE SYRACUSE,

Mort l'an 208 avant notre ère.

ARCHIMÈDE était de Syracuse, d'une famille illustre, et parent du roi *Hiéron*. Il eût pu prétendre aux premiers emplois; mais il préféra l'étude des mathématiques, qui avait pour lui plus d'attraits que l'ambition. Nous avons dit qu'il retint Marcellus trois ans devant les murs de Syracuse; nous allons maintenant rapporter ce que Plutarque dit à son sujet. Le général romain se confiait beaucoup dans les machines de guerre qu'il avait apportées. « Mais, dit Plutarque, Archimède ne se soucioit point de tout cela; comme aussi n'étoit-ce rien auprès des engins qu'il avoit inventés, non que lui en fît autrement cas ni compte, ni qu'il les eût faits comme des chefs-d'œuvre pour montrer son esprit, car c'étoit pour la plupart jeux de la géométrie, qu'il avoit faits en s'ébattant par manière de passe-temps, à l'instance du roi Hiéron, lequel l'avoit prié de révoquer un petit la géométrie de la spéculation des choses intellectives à l'action des corporelles et sensibles, et faire que la raison démonstrative fût un peu plus évidente et plus facile à comprendre au commun peuple, en la mêlant par expérience matérielle à l'utilité de l'usage... »

» Archimède ayant un jour proposé au roi Hiéron, duquel il étoit familier ami, qu'il étoit possible de remuer avec tant et si peu de forces qu'on voudroit, tel poids et tel fardeau qu'on présenteroit, et s'étant vanté, à ce qu'on dit, sur la confiance de la force des raisons dont il prouvoit cette proposition, que, s'il y eût eu une autre terre, il eût pu remuer celle-ci en passant en l'autre; le roi Hiéron s'en émerveillant, le pria de vouloir mettre en fait cette proposition, et lui en faire voir quelque expérience, en lui montrant quelque grosse masse et lourd fardeau remué par une débile force. Si accrocha l'une des grosses carraques du roi, pour laquelle tirer en terre hors de l'eau il fallut beaucoup d'hommes; encore y eurent-ils bien de l'affaire, et y fit mettre dedans grand nombre de personnes, outre sa charge ordinaire; et lui seul, de loin, étoit assis à son aise, sans s'efforcer aucunement, en tirant tout bellement avec la main le bout d'un engin à plusieurs roues et plusieurs poulies, la fit approcher de son coulant aussi doucement et aussi uniment comme si elle eût flotté et couru sur la mer. De quoi le roi s'ébahissant, et connoissant par cette preuve la grande force de son art, le pria de lui faire quelque quantité d'engins, tant pour assaillir que pour défendre en toutes façons de siéges et d'assauts; ce qu'Archimède lui fit: toutefois le roi Hiéron ne s'en servit onc, pour ce qu'il passa la plupart de son règne sans guerre, en paix; mais cette provision et munition d'engins se trouva lors tout-à-propos pour les Syracusains; et non-seulement la provision des engins tout faits, mais aussi l'ingénieur même qui les avoit inventés. »

» Quand donc ceux de Syracuse virent les Romains venir de deux côtés à l'assaut, ils se trouvèrent bien étonnés, et n'y avoit celui qui dît tout un seul mot, tant ils étoient épris de frayeur, ne pensant pas qu'il fût possible de résister à une si grosse puissance ; mais quand Archimède vint à délâcher tous ses engins, tout à un coup infinis traits de toutes sortes et des pierres grosses à merveilles volèrent en l'air avec un bruit et une roideur incroyables, contre les gens de pied qui venoient du côté de la terre à l'assaut, renversant et brisant tous ceux qui se trouvoient au-devant, ou à l'endroit auquel elles tomboient, sans qu'il y eût corps d'homme qui pût résister à si grande impétuosité, ni soutenir un si grand faix, de manière que tous les rangs en étoient troublés. »

» Et quant aux vaisseaux qui assailloient du côté de la mer, les uns étoient mis à fond par de longues pièces de bois, comme sont les vergues où l'on attache les voiles des navires, qui étoient soudainement jetées en avant de dessus la muraille avec des machines, et puis à force de peser enfondroient les galères au fond de la mer ; les autres, enlevés tout debout par les proues avec des mains de fer et des crochets faits en manière de bec de grue, plongeoient des poupes en la mer : les autres, saisis par-dedans avec engins tendus au contraire l'un de l'autre qui leur faisoient faire la pirouette en l'air, venoient à se briser et froisser contre les rochers étant au pied de la muraille ; et bien souvent y en avoit de tout point enlevés hors de l'eau, qui faisoient horreur à les regarder seulement ainsi suspendus et tournoyant en l'air...... »

» Si fut tenu conseil par les Romains pour aviser ce qui étoit à faire ; et fut arrêté que le lendemain matin, avant qu'il fût jour, on approcheroit, s'il étoit possible, de la muraille, pour ce que les engins d'Archimède, qui étoient roides et fort tendus, envoyeroient par ce moyen les coups de leurs pierres et de leurs traits par-dessus leurs têtes, et de près lui deviendroient de tout point inutiles, pour n'avoir pas l'espace et la distance de la portée qu'il leur falloit : mais Archimède s'étoit de longue main préparé à cela, ayant fait provision d'engins dont la portée étoit proportionnée à toutes distances, les traits courts, les coches non guère longues, force trous et archères près l'une de l'autre en la muraille, où il y avoit force arbalêtres de courte chasse pour assener de près, assises en lieux que les ennemis ne pouvoient voir de dehors. Parquoi, quand ils approchèrent, pensant être à couvert et qu'on ne les vît point, ils furent tout ébahis qu'ils se trouvèrent derechef accueillis d'infinis coups de traits et accablés de pierres qui leur tomboient à plomb dessus les têtes ; car il n'y avoit endroit de la muraille dont on ne leur en tirât ; à raison de quoi il leur fut force de se retirer arrière de la muraille : mais quand encore ils en furent éloignés, les flèches, pierres et traits qui voloient de tous côtés, les alloient trouver et assener jusque-là où ils étoient écartés au long ; de manière qu'il y en eut beaucoup affalés, et beaucoup de leurs vaisseaux concassés et froissés, sans qu'ils pussent en revanche aucunement endommager leurs ennemis, à cause qu'Archimède avoit dressé la plupart de ses engins à couvert et derrière, non pas dessus la muraille ; tellement qu'il sembloit que les Romains fussent combattus par quelques dieux, tant ils recevoient de dommage et de maux ; et si ne voyoit-on pas d'où ni par qui. »

» Finalement Marcellus voyant ses gens si effrayés, que si seulement ils appercevoient le bout d'une corde ou de quelque pièce de bois qui se montrât sur la muraille, ils s'enfuyoient courant et criant que c'étoit Archimède qui vouloit délâcher quelque machine contre eux, il se déporta de plus approcher, ni de faire plus donner d'assauts à la muraille, se délibérant de tâcher à l'avoir par longueur de siége. »

Syracuse fut emportée, comme nous l'avons dit, par surprise : les Romains entrèrent par un côté gardé avec trop de négligence. Marcellus avait conçu une si haute idée d'Archimède, qu'il commanda expressément qu'on ne lui fît aucun mal dans sa personne ni dans ses biens. Malheureusement un soldat romain, qui ignorait l'ordre de son général, ou qui ne soupçonnait point qu'il s'adressât à Archimède, tua d'un coup d'épée ce grand homme. Il était alors dans son cabinet, si profondément occupé d'un problême, qu'il ignorait la prise de la ville, et ne prenait pas même garde au bruit épouvantable qui s'y faisait. La présence du soldat l'étonna d'abord; mais se remettant ensuite à son travail, il répondit au Romain, qui lui commandait de venir parler au général, d'attendre un moment qu'il eût fini. Le barbare, irrité de ce retard, ou ne comprenant point le motif d'Archimède, lui donna aussitôt la mort. Ce fut l'an 208 avant notre ère.

Marcellus eut une telle horreur du meurtrier, qu'il lui défendit de paraître devant lui; et pour rendre à ce grand homme tous les honneurs qui étaient en son pouvoir, il lui fit faire de magnifiques funérailles, et traita avec douceur et distinction ceux de sa famille. On mit sur son tombeau, suivant le desir qu'il en avait témoigné à ses amis, un cylindre et une sphère, avec une inscription expliquant leurs proportions relatives, qu'il avoit expliquées le premier. *Cicéron*, questeur en Sicile, découvrit ce monument de la vénération de Marcellus pour cet illustre mathématicien.

Ses connaissances n'étaient pas bornées aux seules mathématiques : un orfévre ayant mêlé du cuivre avec de l'or, dans une couronne d'or destinée à Hiéron, Archimède chercha avec le plus grand soin à découvrir la fraude. Ce secret, si commun aujourd'hui, était alors inconnu ; il le trouva : la joie qu'il en conçut fut si vive, qu'il sortit, dit-on, du bain où il était, et courut par les rues, sans s'appercevoir qu'il n'avait point de vêtemens, en criant : *Je l'ai trouvé ! je l'ai trouvé !*

Dans le nombre des choses étonnantes qu'il inventa pour le salut de sa patrie, on remarque sur-tout les miroirs avec lesquels il brûlait, à deux cents pieds de distance, les vaisseaux romains. Les savans ont long-temps traité de fable ce que l'histoire ancienne rapporte à ce sujet ; mais notre illustre *Buffon*, sans s'amuser à rétablir par des dissertations la gloire d'Archimède, a cherché avec le même génie ce qu'il y avait de possible à cet égard dans la nature, et il eut le bonheur d'aller plus loin encore que le mathématicien de Syracuse : ses miroirs ardens fondirent du plomb et de l'étain à cent quarante pieds de distance, et mirent le feu à du bois placé beaucoup plus loin. Archimède fut donc un aussi grand génie que l'histoire le présente, et Buffon seul eut la gloire de le prouver.

FIN DU PREMIER VOLUME.

De l'Imprimerie de B. IMBERT, Cloître Notre-Dame, n°. 35.

TABLE DES NOMS

CONTENUS DANS LE PREMIER VOLUME.

Homère,	page 13.
Hésiode,	28.
Lycurgue,	30.
Romulus,	41.
Numa Pompilius,	48.
Solon,	56.
Ésope,	69.
Pythagore,	71.
Zaleucus,	79.
Pindare,	83.
Confucius,	85.
Lucius Junius Brutus, l'ancien,	88.
Publius Valerius Publicola,	94.
Caïus Marcius Coriolan,	101.
Miltiade,	113.
Aristides,	126.
Thémistocles,	134.
Léonidas,	140.
Cimon,	142.
Eschyle,	150.
Sophocle,	153.
Euripide,	156.
Aristophanes,	161.

Socrate,	163.
Thucydide,	177.
Hippocrate,	178.
Phidias,	180.
Périclès,	184.
Alcibiade,	193.
Agésilas II,	206.
Isocrate,	208.
Platon,	211.
Aristippe,	215.
Diogène,	218.
Zeuxis,	226.
Conon,	228.
Xénophon,	232.
Épaminondas,	234.
Pélopidas,	240.
Camille,	243.
Brennus,	255.
Philippe,	263.
Phocion,	276.
Démosthènes,	290.
Aristote,	299.
Alexandre,	304.
Apelles,	323.
Timoléon,	327.
Epicure,	338.
Fabricius,	342.
Pyrrhus,	346.
Régulus,	354.
Zénon,	360.

Agis et Cléomènes,	363.
Philopémen,	372.
Hamilcar,	383.
Annibal,	388.
Q. Fabius Maximus,	402.
Marcellus,	405.
Archimède,	411.

Fin de la Table du premier Volume.

que peut être tenté de suivre

www.ingramcontent.com/pod-product-compliance
Lightning Source LLC
Chambersburg PA
CBHW050151230526
45470CB00001B/43